基于信息化教学资源库的自主与合作教学模式操作手册

（汽车发动机分册）

汪胜国　　编著

人民交通出版社

内 容 提 要

本书对基于信息化教学资源库的自主与合作教学模式的教学理念、教学方法、教学素材等均作了详细的介绍。全书包括三章:自主合作教学模式的操作方法、汽修教学设计中的引导性表单、汽修专业信息化教学资源库。

本书可供全国职业院校汽车维修类专业教师参考使用,其他专业的教师及从事职业教育研究的人员也可参考使用。

图书在版编目(CIP)数据

基于信息化教学资源库的自主与合作教学模式操作手册(汽车发动机分册)/ 汪胜国编著. —北京:人民交通出版社,2013.5

ISBN 978-7-114-10559-3

Ⅰ.①基… Ⅱ.①汪… Ⅲ.①中等专业学校—教学研究 Ⅳ.①G718.3

中国版本图书馆 CIP 数据核字(2013)第 076004 号

书　　名:基于信息化教学资源库的自主与合作教学模式操作手册(汽车发动机分册)
著 作 者:汪胜国
责任编辑:曹延鹏
出版发行:人民交通出版社
地　　址:(100011)北京市朝阳区安定门外外馆斜街 3 号
网　　址:http://www.ccpress.com.cn
销售电话:(010)59757973
总 经 销:人民交通出版社发行部
经　　销:各地新华书店
印　　刷:北京市密东印刷有限公司
开　　本:787×1092　1/16
印　　张:12.25
字　　数:275 千
版　　次:2013 年 5 月　第 1 版
印　　次:2013 年 5 月　第 1 次印刷
书　　号:ISBN 978-7-114-10559-3
定　　价:26.00 元

专家委员会

专家委员：温正胞　林邦安　邱世军

编写委员会

编写委员：宁波市交通工程学校(鄞州职业高级中学)

汽修教研组

王文舜　邵忠芳　史伦贤　陈建惠　黄元杰

王瑞君　林育彬　颜世凯　葛建峰　忻状存

陆志琴　孟华霞　郑军强　胡　蕾　方作棋

方志英　邬丹明　忻超群　忻琴飞　屠财宏

陈　东　余斌立　杨　婷　杜凌平　房军飞

陈　旺　邱善康　徐位听　徐昆洋　江文渊

王　林　叶诚昕　严　涛

序

在相当长的一段时期，中等职业教育“普高情结”始终挥之不去，无论是教学内容还是教学方法，都深深地陷于“知识传授怪圈”，职业教育“类”的特点难能体现，专业教学缺乏活力。有鉴于此，浙江省从2008年启动了以“核心技能”培养为本位的专业课程改革，初步构建了“公共课程+核心课程+教学项目”的专业课程建设新模式。目前，新课程改革正在我省中等职业学校全面推进，已取得积极的进展。

新课程的核心要义是要打破“传授知识”的传统育人模式，努力体现适合中等职业教育规律和特点的“做中学”新理念，通过设计各种供学生操作的“教学项目”，强化专业技能的培养。这可以说是职业教育在教学机制进行深层次变革的尝试，为此，我们亟待研究并在实践中不断完善新的教学制度，以保障专业课程改革的顺利实施。

宁波市交通工程学校是我省中等职业教育专业课程改革的一个典型。这所学校的汽修专业在校企合作的背景下，紧紧围绕着企业的需求改革教学的内容与形式，探索新的专业教学方式方法，坚持理实一体的方向，走出了一条全新的路子，已引起广泛的关注。该校汪胜国老师编著的《基于信息化教学资源库的自主合作教学模式操作手册(汽车发动机分册)》一书正是该校专业教学改革结出的成果之一。

通览该书，我认为这本书具有如下特色：

首先，这本书有一个先进的教学理念，即强调学生的自主学习。正如作者如言，学生是信息加工的主体，是意义的主动构建者。因此，教师的角色只是作为主动构建者的“帮助者”，需要从诸如探究法、发现法这样的方法，让学生成为学习的主人。事实上，全书贯穿着如何让学生自主学习的基本精神。

其次，这本书强调了学生的合作学习。根据作者的思路，自主合作学习包括了情境、协作、交流和意义构建四个部分。我认为，情境设置是前提，协作与交流是手段，意义构建是目的。这样一来，自主合作教学模式的实质，是合作学习，是在师生合作、学生之间合作的过程中理解知识的意义，培养专业技能。

再次，这本书的创新亮点在于，自主合作教学模式是建立在信息化教学资源库的基础之上。该校在有关部门和社会各界的支持与帮助下，已初步建立了一个能满足汽修专业教学需要的教学资源库，由于有了教学资源库的强大支撑，学生能在一个更加广阔的时空中进行自主合作学习，换言之，教学资源库使得学生自主合作学习成为可能。

最后，这本书是一本实用的操作手册。作者不仅围绕着汽修专业学习按照工艺流程设计了许多可供学生操作的“教学项目”，而且对每一个项目都提出技术要求和注意事项，制定了每一个项目明确的评分标准和检查办法，并且还增加了教师的“点评”环节。这样一个较为系统的操作手册，在很大程度上解决了自主合作教学模式的可操作性。

我深深地为来自一线教师的智慧与创新所折服。我期盼有一大批教师会在专业课程改革的大潮中得到迅速的成长，我坚信浙江省中等职业教育专业课程改革的明天会更美好。

浙江省教育科学研究院　方展画
2013 年 3 月

前　言

中国几千年来都是以自给自足的小农经济为主，然而自改革开放以来现代产业快速崛起，特别是近十年现代产业井喷式的发展，对几千年来以“重义理轻艺事”的文化传统造成重大的冲击，没有系统的、科学的现代职业技术教育体系，就跟不上社会的经济发展。近几十年来我国下大力气向欧美学习现代职业技术教育，结果出现了不断地引进，不断地被认为是照抄照搬，又不断地自我否定的局面。为了使中国经济能够得到可持续的发展，我们一定要本着实事求是、因地制宜的原则，从中国实际出发，探索并建立与中国的区域经济、产业结构及其发展趋势相适应的职业教育体系。特别是课程体系和课程评价体系，要学习国外发展职业教育的历史经验和精髓，但要避免简单移植和机械模仿。我校就是本着这一原则，从改革培养模式出发，探索与之相适应的教学模式，开发与教学模式相配套的教学素材、教学管理、教学设备，创立了适合自己的教学模式——基于信息化教学资源库的自主与合作教学模式。

我校创立这一教学模式的目的就是将过去只是以专业能力培养为主转化为以培养学生的社会能力、方法能力、专业能力、自我管理能力、职业道德职业规范等综合职业能力的培养，因为对于一个人的发展来说，人品比方法重要，方法比知识技能重要。

首先，要培养学生的方法能力、自我管理能力等，必须转换师生的角色，让学生自主学习。学生是信息加工的主体，是意义的主动构建者。因此，教师的角色只是作为主动构建者的“帮助者”，需要通过诸如探究法、发现法这样的方法，让学生成为学习的主人。其次，要培养学生的社会能力，必须建立“小社会”环境，让学生在这个环境中不断实践，提高自身的社会合作能力，因此要采用合作学习，自主合作学习，包括情境、协作、交流和意义构建四个部分。情境设置是前提，协作与交流是手段，意义构建是目的。因此自主合作教学模式的实质，是合作学习，是在师生合作、学生之间合作的过程中理解知识的意义，培养专业技能。再次，自主合作教学模式是建立在信息化教学资源库的基础之上的，利用现代信息技术使学习素材变成是可以自学的，换言之，教学资源库使得学生自主合作学习成为可能。最后,本书围绕着汽修专业学习,按照工艺流程设计了许多可供学生操作的"教学项目",而且对每一个项目都提出了技术要求和注意事项,制定了每一个项目明确的评分标准和检查办法,还增加了教师的"点评"环节。这样一个较为系统的"操作手册",在很大程度上解决了自主合作教学模式的"可操作性"问题。

基于信息化教学资源库的自主与合作教学模式的总体原则是:以服务为宗旨、以就业为导向、以能力为本位,培养能满足社会需求又有持续发展能力的学生。具体的教学目标是:

(1)掌握适用、够用的专业基础知识;

(2)具有扎实的基本技能;

(3)具有较强的综合能力(社会能力、方法能力、自我管理能力等);

(4)具有良好的职业素养;

(5)具有健康的身体素质。

为实现以上目标,经过8年的探索实践,现已形成具有可操作性的稳定教学流程,本书着重介绍此模式的具体操作方法。按此模式进行教学的基础是要有可自学的学习材料,为此,我校在中国汽车维修行业协会的指导下,与上海景格汽车科技有限公司合作制作了直观、形象、生动可自学的信息化汽修教学资源库及配套的教材。本书附有自主与合作教学的实录光盘。

本模式适合全国中等职业学校教学使用,现与大家共享,请大家多提宝贵意见,使此模式更加完善。

作　者

2013年4月

目　　录

第一章 自主合作教学模式的理论基础与操作方法

自主合作教学模式是以信息化教学资源库建设为基础,根据中职学生心理发展的特征、中职汽车运用与维修专业(简称汽修专业)课程内容的特点,遵循汽修专业知识和技能教学规律,在学习基础知识和基本技能的过程中,以培养学生的综合能力和综合职业素养为最终目标。这种教学模式是一种以可自学的学习材料作为基础,用科学的引导性表单来引导学生的合作学习与自主学习;采用自主学习和团队合作学习的教学方法,以学生为中心,教师为引导者的教学模式。

第一节 自主合作教学模式的教学目标

职业教育的人才培养目标是以服务为宗旨、以就业为导向、以能力为本位,培养能满足社会需求又有持续发展能力的学生。结合汽修专业的特殊性,我们认为:学生的成长过程,除了学校课程教学目标中明确规定的基础知识和基本技能外,还包括难以在日常的考试中得到体现,但在就业与工作过程中至关重要的多项能力,比如,学生的社会适应能力,面对问题找到解决办法的能力以及自我管理能力等。这些都应该成为中职汽修专业人才培养的目标。具体到基于信息化教学资源库的自主合作教学模式,教学目标包括:

(1)掌握适度、够用的专业基础知识;

(2)具有扎实的基本技能;

(3)具有较强的综合能力(社会适应能力、方法能力、自我管理能力等);

(4)具有良好的职业素养与品德;

(5)具有良好的身体素质。

1. 掌握适用、够用的专业基础知识

在上述五大基本教学目标当中,掌握适度、够用的专业基础知识是指对专业基础知识学习的要求,在三年的学习过程中,学生的专业知识应当达到能满足社会用人单位对专业人才基础知识素质的要求,并能够为今后的继续深造与自修提高打下良好的基础。同时,鉴于中职生与高职生的培养目标的差异与学习时间的不同,中职生的专业知识没有必要一味追求深与宽,够用、足以胜任企业对专业技能人才的需要就是合格的。

2. 具有扎实的基本技能

具有扎实的基本技能是指汽修专业一整套基本的动作技能,教学目标需要在三年的教学过程中得到全面落实,在学生的学习过程中,关键的、基本的技能需要以一种有效、明确的方式得到强化,并让学生在实际操作中具备应对行业岗位对汽修技能的需求。

3. 具有较强的综合能力(社会适应能力、方法能力、自我管理能力等)

具有较强的综合能力强调的是学生除了基本的专业知识与技能之外,还需要在三年的学习过程中获得在工作岗位中必然非常关键的社会能力。因为学校学习的情境与行业岗位中的工作情境是不同的,学生的学习环境,甚至包括在企业中的实习情境,对学生来说,都是处在一种保护状态下的情境,对于工作中存在的失误,学生不是唯一的承担者,教师、学校都会保护学生,学生自己也可以有再次改正的机会。但是,一旦毕业之后走上工作岗位,学生就成为一个完整意义上的独立承担个人,他需要的不仅是专业技能,还需要与同事与领导交流沟通、化解与客户的矛盾等能力。而在获得职业成功与事业成就方面,这些能力在某种程度上甚至比专业技能更重要。这就要求中职学校在教学过程中不仅要注意培养学生的专业知识与技能,更要重视培养综合社会能力。至少,以下几个方面是需要重点培养的:

首先是中职生的社会适应能力。一般意义上,中职生的社会性适应能力可概括为两方面:适应性行为和社会交往技能。适应性行为包括在工作岗位上能独立开展工作的技能,有良好的言语沟通能力去完成合作性的工作任务以及通过各种途径的自学解决专业问题的能力。社会交往技能包括与不同类型的人进行适当交往的技能,如与领导、同事、客户等不同交往对象的谈话技巧;与完成工作任务有关的行为,参与行为、遵循指导;良好的社会认知能力可以了解自我与他人之间关系、他人与他人之间关系的能力,有助于以与别人更加好地交流;团队合作能力为学会与别人合作的能力。

其次是方法能力,即找到并应用科学的方法解决问题的能力。它包括自主学习能力、观察与研究能力、创新能力等。在工作岗位中碰到的实际问题与学校学习过程中学到的教学案例是不一样的,中职生不可能借助学校教材中的知识技能去解决所有的实际工作过程中碰到的问题。这就需要学生在三年的学习过程中,不仅学到最基本功的专业知识与技能,还要养成一种自己去寻找资料解决问题的能力。只有具备了这种面对问题自己能找到方法去解决的能力,才能胜任复杂的工作岗位等。

最后是自我管理能力。中职生的年龄正处于青春期,具有年轻人的朝气,同时也表现出典型的冲动与激情、难以控制自我等特征。因此,如何培养中职生的自我管理能力是一项重要的教学目标。通过自主学习与合作学习的方法,培养学生有意识、有目的地对自己的思想、行为进行转化控制的能力,能正确认识自我的优缺点,在走上工作岗位之后能调整好工作与生活的关系,调整好服务行业从业人员素质要求与年轻人个性自我张扬关系,更好地胜任汽修行业的要求。

4. 具有良好的职业素养与品德

中职生的就业与就业后所从事的工作都需要有良好的职业素养与道德品德。事实上,许多用人单位对中职生的评价更重要的在于出色的职业素养。对于中等职业学校来说,在人才培养方面必须要重视行业对从业者职业素养的要求,在校培养过程中教育学生养成遵守将来就业行业的职业行为规范,形成良好的职业道德,在工作中表现出良好的职业行为习惯。

5. 具有良好的身体素质

健康的体质是胜任汽修工作的最基本条件,离开了健康的身体素质,有再好的专业能力与职业素养，中职生求职的竞争力与从业之后的成就都会受到影响，因此，在培养中职生专业技能与职业素养、社会能力等基本素质的同时，需要通过科学的体育健康教育让学生拥有健康的体魄。

总之，对于汽修专业的中职生来说，专业知识与技能、社会综合能力与独立解决问题的方法能力、良好的职业道德素养与身体素质都是必须具备的素质要求。其中，方法比知识重要，人品比方法重要，所以学校在教学知识和技能的过程中一定要把能力和素质的培养放在更突出的位置上。各种素质的培养有各自的属性，要学的知识、要练的技能、需要具备的能力和素养要在合适的环境和合理的过程中用科学的方法来培养。要同时完成这些教学目标，就必然要求以具体教学项目为载体，进行科学的设计，在学习基础知识、练习基本技能的过程中，以合适的方法和手段培养学生的综合能力，养成良好的职业素养。

第二节　自主合作教学模式的基本内涵

中职汽修专业的自主合作教学模式，其客观条件是信息化的教学资源库，其教学实施的理论基础是构建主义的学习理论与主体教学理论。基于信息化教学资源库的自主合作教学模式以学生为中心，在整个教学过程中，教师起组织者、管理者、指导者、帮助者和促进者的作用，利用创设情境、利用情境、激励协作、对话等方式，营造自主与合作的学习环境，以充分发挥学生的主动性、积极性和首创精神，最终达到使学生有效学习知识与掌握技能的目的。在这种模式中，学生是知识意义的主动构建者；教师是教学过程的组织者、管理者、指导者、意义构建的帮助者和促进者；教材所提供的知识不再是教师传授的内容，而是学生主动构建意义的对象；各种教学媒体也不再是帮助教师传授知识的手段、方法，而是用来创设情境、进行合作学习和对话，即作为学生主动学习、协作式探索的认知与技能锻炼的工具。显然，在自主合作的教学环境中，教师、学生、教材和媒体等要素与传统教学模式相比，各自有完全不同的作用，彼此之间有完全不同的关系。但是这些作用与关系也是非常明确的，因而成为教学活动进程的另外一种稳定结构形式，即基于信息化教学资源库的自主合作教学模式。

一、自主合作教学模式的基本要求

与传统的汽修教学模式不同，基于信息化教学资源库的中职汽修专业自主合作教学模式在知识观、学习观、学生观与师生角色的定位及其作用、学习环境和教学原则等方面，都充分体现出了自主与合作的特点。当然，其前提条件是信息化教学资源库的建设。

1. 强调学生自主构建的知识观与技能观

知识与技能不是对现实的纯粹客观的反映，任何一种承载知识的符号系统也不是绝对真实的表征。它只不过是人们对客观世界的一种解释、假设或假说，不是问题的最终答案，必将随着人们认识程度的深入而不断地变革、升华和改变，出现新的解释和假设。在这个意义上，汽修专业的知识与技能，体现在教材上，体现在教师传授方面，都是有局限性的。学生如果只学习到教材与教师所提供的知识与技能，实际上是无法胜任未来工作岗位中变化、不确定的问题的挑战的。因此，中职汽修专业的自主合作教学模式首先在知识观与技能观方

面要求教师与学生都从静止的知识技能转向动态的知识技能，让学生在实训中形成自己对汽修知识与技能的理解与掌握。因为，很简单，如果在学校所学的汽修知识与技能并不能绝对准确无误地概括汽修的所有问题，那么就应该给学生一种对任何汽修活动或问题解决都实用的方法。

2. 强调自主与合作的学习观

汽修专业的学习除了知识之外，更重要的是技能学习。而技能学习与抽象的书本知识学习不同，需要更多的实践操练。事实上，就算是理论知识的学习也不是由教师把知识简单地传递给学生，而是由学生自己构建知识的过程。学生不是简单被动地接收信息，而应是主动地构建知识，这种构建是无法由他人来代替的。就构建主义心理学来说，学生在技能学习时，是一种意义的获得，在这个过程中教师是无法取代学生的自主学习的。每个学习者都要以自己原有的知识经验为基础，对新信息重新认识和编码，构建自己对知识与技能的理解。在这一过程中，学习者原有的知识经验因为新知识经验的进入而发生调整和改变，而且这个过程必然是自主的。

在这个过程中，同化和顺应是学生认知结构与技能水平发生变化的两种途径或方式。同化是认知结构与技能水平的量变，而顺应则是认知结构与技能体系的质变。同化→顺应→同化→顺应……循环往复，平衡→不平衡→平衡→不平衡……相互交替，人的认知水平与技能水平的发展，就是这样的一个过程。学习不是简单的信息积累，更重要的是包含新旧知识经验的冲突，以及由此而引发的认知结构的重组。技能学习的过程不是简单的信息输入、存储和提取，是新旧技能经验之间双向的相互作用过程。换句话说，构建主义对技能学习的解释可以做这样的概括：当学生面对一个新问题时，其旧的技能维修能力体系需要对各种能力要素重新进行调整，要么顺利解决问题，要么形成一种新的技能方案去解决新问题。不管是前者的同化，还是后者的顺应，都是一个自主学习的过程。

同时，尤为重要的是，在一些复杂的技能学习过程中，这种仅靠学生个体努力的自主技能学习与意义构建是不够的，需要多个学生共同分享与相互帮助，完成任务，解决问题，最终也提升自己的知识与技能水平。

3. 强调学生中心的学生观

基于信息化教学资源库的自主合作教学模式要求以学生为中心，学生是学习的主人，是教师教学活动服务的对象。构建主义强调，学习者并不是空着脑袋进入学习情境中的。在日常生活和以往各种形式的学习中，他们已经形成了有关的知识经验，对任何事情都有自己的看法。即使是有些问题他们从来没有接触过，没有现成的经验可以借鉴，而当问题呈现在他们面前时，他们还是会基于以往的经验，依靠自己的认知能力，形成对问题的解释，提出相应的假设。依此理解，汽修专业知识与技能的教学就不能无视学生的已有知识经验，简单强硬地从外部对学生实施知识的填灌与技能的灌输，而是应当把学生原有的知识经验与操作技能作为新的生长点，引导学生从原有的知识经验与技能中，生长新的知识经验与技能。教学不是知识与技能的传递，而是知识与技能的处理和转换。构建主义认为，学习是一个与情境联系紧密的自主操作活动，在这个活动中，知识、内容、能力等只能被构建而不能被训练或吸收。人脑并不是被动地学习和记录输入的信息，而总是主动地选择一些信息、忽视一些信息，并从中得出结论。学习过程不是先从感觉经验本身开始，而是从对该感觉经验的选择性注意开始的。

显然，在汽修知识与技能的学习过程中，学生应该是学习的中心，教师的活动主要是为了使学生能更好地掌握知识与技能，教师的“教”代替不了学生自己的学习与实践，教师的“教”只有通过学生的“学”，才可能真正成为学生的知识与技能，将教学的目标转化成学生的素质。

相对应地，在自主合作的教学模式中，教师的角色应该是学生构建知识与技能的忠实支持者。教师的作用应该从传统的传递知识与技能示范转变为学习的辅导者，成为学生学习上的高级伙伴或合作者。教师借助信息化教学资源努力创设一种良好的学习环境，学生在这种环境中可以通过实验、独立探究、合作学习等方式来展开他们的学习，成为学生构建知识与技能的积极帮助者和引导者，并且应当想方设法地激发学生的学习兴趣，引发和保持学生的学习动机。通过创设符合教学内容要求的情景和提示新旧知识与技能之间联系的线索，帮助学生构建当前所学知识与技能的意义。当然，为使学生的意义构建更为有效，教师应尽可能组织合作学习，展开小组讨论和交流，并对合作学习过程进行引导，使其朝有利于学生掌握技能的方向发展。

4. 强调工作过程导向、理论与实践相结合的课程设置与教学流程

(1)在课程功能上，强调形成积极主动的学习态度、全体学生的全面发展；注重实践能力、搜集和处理信息能力、自主学习能力和问题解决能力的发展，培养终身学习能力。

(2)在课程结构上，强调汽修岗位能力和素质的训练，有效通过信息化手段进行课程间的整合；注重实践，强调职业教育与社会发展和汽车企业需求的联系。

(3)在教学内容上，强调以汽修工作过程为主线，打破以学科为中心组织教材的思想，开发与信息化教学资源库相适应的课程内容，强调对学生学习方式与实践能力的培训。

(4)在课堂教学上，引入信息化教学资源，对传统教学形式、方法、内容的革新产生了强大的推动作用。教师的教学不再是对知识的单向灌输，教学活动侧重于基于对知识理解基础上的交互式学习和现场操作学习；教学方法也实现了由传统教师讲授型转变为教师引导型和学生探索型为主的转变，学生可以方便地获取自己所需的教学资源进行课前预习和课后复习。

(5)在学习方式上，强调学生自主与探索性和基于问题解决的学习模式；注重在使用信息化教学资源库时接受、模仿、体验、探索等学习方式的综合运用；使学生从不知重点的接受式学习转变为在自主应用资源库进行问题解决式的有序自主学习。

(6)在教学评价上，改变了过去纸质考试和现场操作考试相结合、教师考学生做式的耗时耗力的方式，在应用信息化教学资源库开展实训教学的过程中，逐步建立了以能力为本位、评价主体和方式多样化的学生技能分级过关的技能评价体系。

5. 强调向行业真实工作环境看齐的教学环境

自主合作的教学模式要拥有科学合理的校内实训基地。换句话说，在教学环境上，强调理论实习和实践训练的一体化，要打破原有的知识学习和技能学习脱离的困境。在运用信息化教学资源库进行教学时，要将理论学习与实践操作捆绑起来，建造以工作过程为导向的理实一体化教学环境。这种基地不是传统意义上的理论教室与实训场地，应该是“虚、实”结合、虚拟仿真与实际操作有效融合的，它不仅解决了实操实训进不去、看不见、难再现、多污染、高消耗、不安全、设施设备不足、实训指导教师不足等众多难题，而且能将趣味性、现场氛围、个性化导训、智能化考核、分层次实训等先进的教育思想融入其中，创造出智能化、信息化、现代化的实训环境。事实上，既为了向制作教学资源库脚本提供教学项目分解的依据，又为了使信息化教学资源库应用有一个配套的教学环境，自主合作教学模式应形成理实一体化的教学车间。这个教学车间应该是一种将工作环境下的设备及工厂环境同多媒体教室相融合的结果，是以工作过程为导向的教学环境的再造，将理论学习与实践操作捆绑起来，两者可以同步进行，完全区别于普通教育忽视实践和企业培训忽视理论的教学，从而实现真正意义上的理实一体，大大提升学生学习技能的成效。

在向行业工作环境看齐的理实一体化的教学车间，既可以根据信息化教学资源库内容学习，又可以实际操作并增强技能。按照理论教学与实践教学一体化，讲解与操作手段一体化，专业知识、操作技能、职业要求一体化教学的授课方式，将每个教学车间划分为四个功能区：多媒体理论教学区、拆装修理实习区、故障诊断检测区、整车综合实习区，并在四个功能区配备不同的教学设备，在每个功能区都安装信息化教学资源库，方便教师教学和学生自学，真正实现自主合作的教学。

二、自主合作教学模式中“学习”的要素

自主合作教学模式确定知识与技能不是通过教师传授得到，而是学习者在一定的情境即社会文化背景下，借助学习过程中的其他人（包括教师和学习伙伴）的帮助，利用必要的学习资料和适当的技能练习，通过意义构建的方式而获得。因此自主合作教学模式确定“情境”、“合作”、“对话”和“意义构建”是学习过程中的四大要素。

1. 情境

在自主合作的教学模式下，教师的教学设计在考虑教学目标分析的同时要考虑有利于学生构建意义的情境的创设，并把情境创设看作是教学设计的最重要内容之一。就汽修专业而言，需要将整体的技能与知识教学从书本转向模拟或真实的实训场所中进行，创设真实的汽修情境，在真实的汽修情境中学习。

2. 合作

自主合作教学模式要求小组合作要贯彻学习过程的始终。现代汽修作业很难由一人完成，因此，教学过程中对技能的培训就要强调学生的小组合作意义。通过小组合作对学习问题进行资料搜集与分析，对存在的问题提出假设并加以验证。事实上，通过小组合作，不仅能够更好地完成技能培训的任务，同时还可以让学生的技能学习效率更加明确，教师的教学效率更高，消除传统汽修技能教学中一个教师面对多个学生时难以有效、有针对性地进行教学的弊端。更为重要的是，学生在小组合作的学习过程中形成的协作意识与团队精神，无形中会锻炼他们职业素养与品格。

3. 对话

对话是自主合作教学模式实施过程中的不可缺少环节。在小组合作的过程中，每个学习小组成员既需要发挥自己的个体主观能动作用，借助信息化教学资源库进行自主学习，同时相互之间又必须通过对话商讨如何完成规定的学习任务与学习计划。事实上，合作学习过程也就是小组成员之间的对话过程，在此过程中，每个学生的思维成果（智慧）

为整个学习小组所共享，因此对话是达到汽修技能教学中学生自我构建技能的重要手段之一。

4. 意义构建

对于汽修专业的教学来说，学生最终要获得的并不是教师曾经教过的技能，而是形成一种自主完成汽修工作的专业技能，这就是一种对汽修知识与技能的意义构建能力。这是中职学生整个学习过程的最终目标，当一个学生既掌握了教师所教的每一个知识点与关键技能，又形成了自己对汽修知识与技能的理解，能在汽修实践中自己完成任务时，就说这个学生已经形成了对汽修知识与技能的“意义构建”能力。从认知心理学的角度看，意义构建是指个体能够透过表象对事物的性质、规律以及事物之间的内在联系有深刻的把握。而在汽修技能的教学过程中，帮助学生进行意义构建就是要帮助学生超越对当前学习内容所反映的事物的性质、规律以及该事物与其他事物之间的内在联系达到对技能的较深刻的理解。换句话说，获得知识的多少与专业技能发展到什么程度，完全取决于学生在一定的实践技能锻炼基础之上去构建不确定环境中技能解决的能力，而并不完全取决于专业知识与课堂上所了解的技能维修案例。

三、自主合作教学模式实施过程中学与教的方法

自主合作教学模式提倡在教师指导下的、以学生为中心的学习，也就是说，既强调学生的主体作用，又不忽视教师的指导作用，教师是学生知识与技能构建的帮助者、促进者，而不仅是知识的传授者与技能的示范者。学生是信息加工的主体，是意义的主动构建者，而不是外部刺激的被动接受者和被灌输的对象。基于信息化教学项目的可重复性、典型性、规范化等特点，学生可以运用教学资源库开展自主学习。每个教学项目都是学生学习过程中的指引，作为项目任务的完成者——学生，借助于“教学项目”的丰富资源，开展自主学习。此外，学生个体之间的学习能力差异是客观存在的，开展项目自主学习，通过让学生基于自身的实际情况从不同的角度切入，在差异化学习中充实专业知识结构，最终实现各有所获，可以使学生社会知识得到补充，思维方法和工作方法得以改变。在教学资源库中，汽修专业教师与计算机教师还合作开发了类似于“百度”网页搜索界面的技能自学平台——汽修技能自学搜索界面，用于学生在课堂教学过程之外的自主学习，既可以查漏补习，也可以探索先学。开发汽修技能“自学搜索界面”，是对教学项目教学应用的延续与补充，既可以应用于学生的课前预习，也可应用于学生课中、课后的巩固练习，还可以应用于学生在上岗工作中的临时查找学习，这样使学生不再完全依赖于教师，使技能自学成为技能提升的重要组成部分，可以大大促进学生技能的可持续发展。

具体而言，在自主合作教学模式的教学实施过程中，学生要成为真正意义上的知识与技能主动构建者，就要求学生在学习过程中从以下几个方面发挥主体作用：

(1)要用探索法、发现法去构建知识与技能。

(2)在主动构建知识与技能及其意义过程中要求学生主动去搜集并分析有关的信息和资料，对所学习的问题要提出各种假设并努力加以验证。

(3)要把当前学习内容所反映的问题尽量和自己过去遇到过的问题相联系，并对这种联系加以认真的思考，举一反三。

在信息化教学资源库存在的前提条件下，教师要成为学生构建意义的帮助者，就要求教师在教学过程中从以下几个方面发挥指导作用：

（1）激发学生的学习兴趣，帮助学生形成学习动机。

（2）通过创设符合教学内容要求的情境和提示新旧知识技能间联系的线索，帮助学生将当前所学知识与技能与教学资源库中的典型范例结合起来，自己找到解决问题的方法。

（3）为了使技能学习更有效，教师应在可能的条件下组织合作学习（开展讨论与交流），并对合作学习过程进行引导使之朝有利于技能形成的方向发展。

第三节　自主合作教学模式的基本程序

自主合作教学模式的基本程序如图1-1所示。

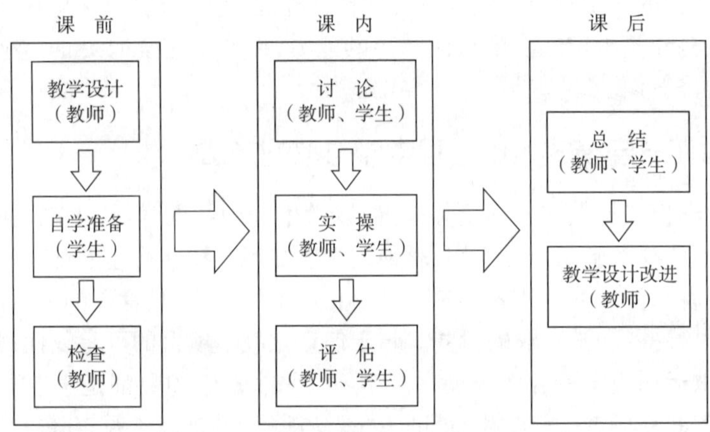

图1-1　自主合作教学模式基本程序

一、教师教学设计

教师要成为学生构建意义的帮助者，就要求教师在教学过程中从以下几个方面发挥指导作用：

（1）激发学生的学习兴趣，帮助学生形成学习动机。

（2）通过创设符合教学内容要求的情境和提示新旧知识之间联系的线索，帮助学生构建当前所学知识的意义。

（3）为了使意义构建更有效，教师应在可能的条件下组织协作学习（开展讨论与交流），并对协作学习过程进行引导使之朝有利于意义构建的方向发展。引导的方法包括：提出适当的问题以引起学生的思考和讨论；在讨论中设法把问题一步步引向深入以加深学生对所学内容的理解；要启发诱导学生自己去发现规律、自己去纠正和补充错误的或片面的认识（图1-2）。

教学设计需要的材料：手册、教学资库、教材、实际验证相应设备、仪器、工量具等；做法：边实践边设计。

图 1-2　引导学生自主学习

1. 制作学生可自主学习的学习材料

为了支持学生的主动探索和完成意义构建，在学习过程中要为他们提供各种可自学的信息资源（包括各种类型的教学媒体和教学资料）。这里利用这些媒体和资料并非用于辅助教师的讲解和演示，而是用于支持学生的自主学习和协作式探索。对于信息资源应如何获取、从哪里获取，以及如何有效地加以利用等问题，是主动探索过程中迫切需要教师提供帮助的内容。建设喜欢学、容易学、可自学的信息资源库是自主合作教学模式的基础。资源库应具备以下特点：

（1）界面布局合理，有目录区、显示区、板书区、拓展区（图 1-3），具有教师演示功能、授课功能，有知识拓展功能，并用计算机技术能在同一时间出现，使各教学环节成并联形式出现，优于过去串联形式，因为知识的不同形式可以同时印证，各种学习信息文字、视频、图片、3D、动画、语音等同时刺激，学习效果优于单一教师授课，便于自学。

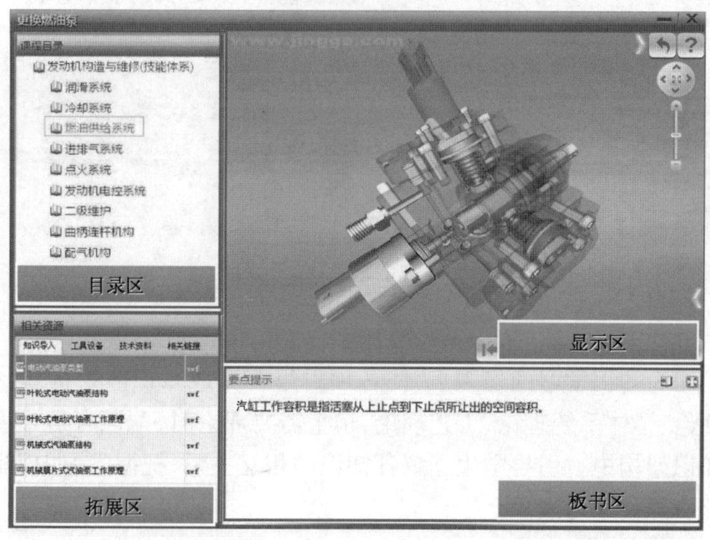

图 1-3　教学资源库界面

(2)生动、形象、详细、准确地展现形式便于学生自主学习(图1-4)。

图1-4　利用教学资源库自主学习

(3)全面的特点便于学生进行知识拓展(图1-5),进行有效的知识意义的构建。

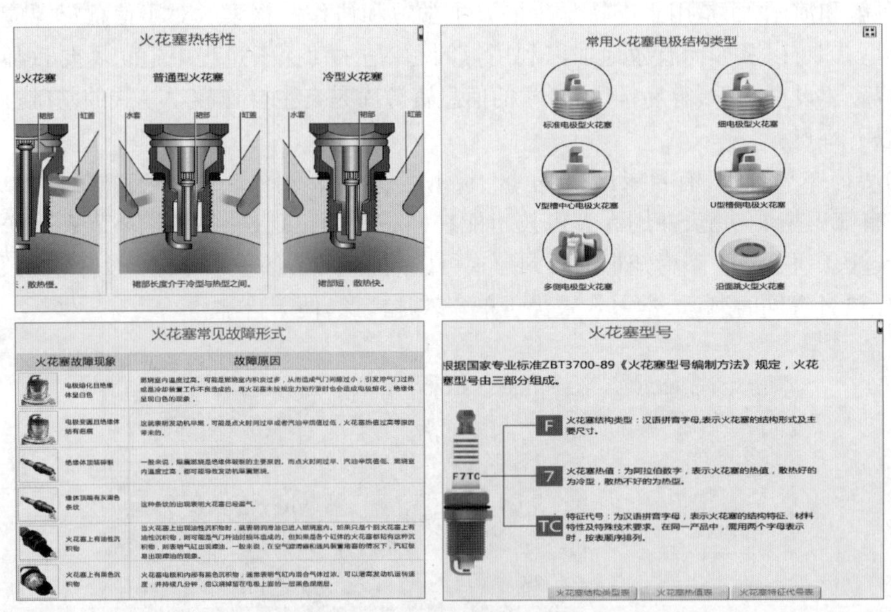

图1-5　教学资源库的“知识拓展”

2. 帮助学生进行意义构建(表1-1)

以实际项目作为知识学习的切入点,使各项目组合完成知识体系构建,搭建知识构架。理论分成总体理论、个体系统理论、工艺理论,学生需要理论时,配以合适难度、内容的理论,并有机地放入知识架构中。引导学生理解各知识的相互关系,把握学习内容和难度。

3. 教师设计引导性学习表单

设计完整的工艺单、作业流程表、评估表、观察表,帮助学生进行具体项目的学习。表单应能根据学生学习的情况放手让学生自己学,将手册内容(图1-6)转成可操作的作业流程。

意 义 构 建　　表1-1

<table>
<tr><td rowspan="40">汽车发动机</td><td rowspan="7">两大机构</td><td colspan="2" rowspan="3">曲柄连杆机构</td><td>拆检活塞连杆组</td></tr>
<tr><td>更换汽缸垫、汽缸盖</td></tr>
<tr><td>汽缸压力检测</td></tr>
<tr><td colspan="2" rowspan="4">配气机构</td><td>更换气门油封</td></tr>
<tr><td>检查与调整气门间隙</td></tr>
<tr><td>更换凸轮轴</td></tr>
<tr><td>更换正时皮带、调整或更换正时皮带</td></tr>
<tr><td rowspan="28">五大系统</td><td colspan="2" rowspan="4">润滑系统</td><td>更换机油及机油滤清器</td></tr>
<tr><td>更换油底壳</td></tr>
<tr><td>检查润滑系统渗漏情况</td></tr>
<tr><td>检查与更换机油泵</td></tr>
<tr><td colspan="2" rowspan="8">冷却系统</td><td>更换风扇电动机</td></tr>
<tr><td>更换冷却液</td></tr>
<tr><td>更换冷却液温度控制开关</td></tr>
<tr><td>检查与更换节温器</td></tr>
<tr><td>检查与更换冷却液温度传感器</td></tr>
<tr><td>检查与更换散热器</td></tr>
<tr><td>冷却系统渗漏检查</td></tr>
<tr><td>检查与更换水泵</td></tr>
<tr><td rowspan="11">燃料供给系统</td><td rowspan="6">燃油供给系统</td><td>更换燃油泵</td></tr>
<tr><td>更换燃油滤清器</td></tr>
<tr><td>更换炭罐</td></tr>
<tr><td>检查燃油系统渗漏情况</td></tr>
<tr><td>检查与更换喷油器</td></tr>
<tr><td>燃油系统压力检测</td></tr>
<tr><td rowspan="5">进排气系统</td><td>检查与更换节气门体</td></tr>
<tr><td>检查与更换空气流量计</td></tr>
<tr><td>尾气检测</td></tr>
<tr><td>进排气系统泄漏检查</td></tr>
<tr><td>更换空气滤清器</td></tr>
<tr><td colspan="2" rowspan="3">点火系统</td><td>检查点火正时</td></tr>
<tr><td>更换点火线圈</td></tr>
<tr><td>更换火花塞</td></tr>
<tr><td colspan="2" rowspan="2">起动系统</td><td>检查与更换起动机</td></tr>
<tr><td>检查与维护蓄电池</td></tr>
<tr><td colspan="3" rowspan="5">发动机电控系统</td><td>检查与更换曲轴位置传感器</td></tr>
<tr><td>检查与更换进气凸轮轴位置传感器</td></tr>
<tr><td>检查与更换氧传感器</td></tr>
<tr><td>检查与更换主继电器</td></tr>
<tr><td>检查与更换 ECM</td></tr>
</table>

安装

1. 安装火花塞

(a)用 14mm 火花塞板手和 100mm 加长杆安装 4 个火花塞。

扭矩:20N·m

图 1-6　维修手册(节选)

根据手册——参考(教材、资源库、课件)——结合生活原理——用实践验证——完成作业流程表。

技术要点:要选择型号配套的火花塞专用套筒(里面有橡胶圈的,可以固定住火花塞,并在安装中可以保护火花塞);要装好长节杆后,先将火花塞正确插入火花寒套筒内;垂直无碰撞放入安装位置;轻旋将螺纹对正,对正后将其旋入,使用扭力扳手,按规定力矩拧紧火花塞(拧紧力矩:20N·m),以防止火花塞损坏和缸体螺纹损坏。制作成以下的可操作性的作业流程表(表 1-2)。

作业流程表(节选)　　表 1-2

六、安装火花塞	1. 将火花塞装入火花塞套筒中	先装长节杆
	2. 用长节杆和火花塞套筒拧紧火花塞	将火花塞正确插入火花塞套筒,握住工具,连同火花塞正确放入安装位置,并用手正确旋入螺纹,直到拧不动为止。
	3. 用扭力扳手紧固火花塞	使用扭力扳手,按规定力矩拧紧火花塞。标准:20N·m

把比较粗的手册转化成了关注到每个动作和细节具有可操作性的作业流程表,学生在此流程表的指导下能独立完成作业后,也就具备了用手册修汽车的能力。我们先制作完整的作业流程表,然后根据学生的基础把学生能通过教学资源库、教材、课件等教学信息学习能完成的部分空出来,让学生独立去完成。空白量要不断增加直到全空,也就完成了教学目标。

按作业流程表中的技术要点和操作流程确定评分细则,并按技术难度及重要性不同确定分值,制作成有可操作性的评分表(表 1-3)。

评分表(节选)　　表 1-3

六、安装火花塞	1. 先连接长节杆和套筒(1 分);再将火花塞正确装入火花塞套筒(1 分);火花塞套筒是否卡紧火花塞(3 分)	5		
	2. 用长节杆和火花塞套筒拧紧火花塞(2 分),放入时不能磕碰火花塞孔壁(3 分);在打紧时能顺序拧紧无卡滞(3 分)	8		
	3. 扭力扳手力矩调节正确(2 分);操作方法正确(3 分);标准:18N·m;	5		

按作业流程表中的技术要点制作成观察记录表(表 1-4)

观　察　表　　表 1-4

六、安装火花塞	(1)将火花塞装入火花塞套筒中		
	(2)长节杆和火花塞套筒拧紧火花塞		
	(3)用扭力扳手紧固火花塞		

“细”与“准确”是关键;空白量的把握是教学效果的基础。完整的项目表单参照本书第二章。

4. 情景创设

教师创设与实际一致或相似的学习情景用于学习导入(图1-7)用计算机生动描述与实际一致或相似的学习情景,激发学生的学习兴趣,明确学习目的,加强学生的学习动力,在完成任务后还能提高学生的成就感和解决问题的能力。

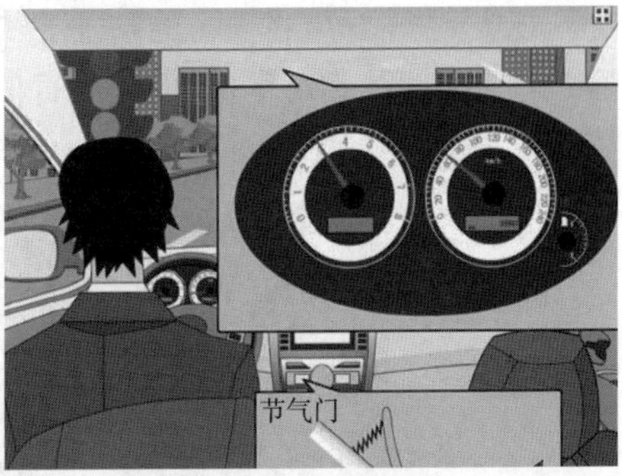

图1-7　情景创设

5. 确定学习岗位

有效的组织合作学习,并贯穿于整个学习活动过程中。学习者的知识是在一定情境下,借助于他人的帮助,如人与人之间的协作、交流、利用必要的信息等,通过意义的构建而获得的。理想的学习环境应当包括情境、协作、交流和意义构建四个部分。

(1)情境,学习环境中的情境必须有利于学生对所学内容的意义构建。在教学设计中,创设有利于学生构建意义的情境是最重要的环节或方面。

(2)协作,应该贯穿于整个学习活动过程中。教师与学生之间,学生与学生之间的协作,对学习资料的收集与分析、假设的提出与验证、学习进程的自我反馈和学习结果的评价以及意义的最终构建都有十分重要的作用。协作在一定的意义上是协商的意识。协商主要有自我协商和相互协商。自我协商是指自己反复思量什么是比较合理的;相互协商是指学习小组内部之间的商榷、讨论和辩论。

(3)交流,是协作过程中最基本的方式或环节。比如学习小组成员之间,必须通过交流来商讨如何完成规定的学习任务达到意义构建的目标,怎样更多地获得教师或他人的指导和帮助等。其实,协作学习的过程就是交流的过程,在这个过程中,每个学生的想法都为整个学习群体所共享。交流对于推进每个学生的学习进程,是至关重要的手段。

(4)意义构建,是教学过程的最终目标。其构建的意义是指事物的性质、规律以及事物之间的内在联系。在学习过程中帮助学生构建意义就是要帮助学生对当前学习的内容所反映事物的性质、规律以及该事物与其他事物之间的内在联系达到较深刻的理解。

学生岗位可参考图1-8来确定。

操作岗位:学生按照以手册为依据制作而成的作业流程表,在指导岗位学生的协助下进行技能训练,并完成相应的操作工艺单。提高知识的应用能力、技能和解决问题的能力等。

指导岗位:利用教学资源库、教材、手册、作业流程表等,信息帮助、指导操作学生进行技能训练。在有责任的前提下对预习的内容进行进一步的理解掌握,提高语言的表达能力、观察能力、发现问题能力、团队合作能力、责任意识等。

评估岗位:学生在预习的基础上,用具有可操作性的评分表(要细化到每一个动作和细节并具有明确的评判标准),完成对操作学生的客观准确的考评,操作完成后与指导和观察岗位的学生一起对操作学生的操作情况进行汇总,选代表对操作岗位进行操作情况的点评,实践证明只要评分表操作性强评定的结果比较准确。在有责任的前提下对预习的内容进行进一步的理解掌握,提高语言表达能力、观察能力、发现问题能力、团队合作能力、责任意识等。

观察人员:学生在预习的基础上,通过观察完成观察表,在有责任的前题下对预习的内容进行进一步的理解掌握,提高语言的表达能力、观察能力、发现问题能力、团队合作能力、责任意识等。

图1-8　学习岗位

通过这样有效的组织,科学的管理,在这样的学习环境和过程中能真真培养学生的综合能力,加上7S的全面落实可以培养学生的综合职业素养。

6. 学习辅助环境

学习辅助环境包括:与实际生产相接轨的实操训练区,理论学习区加信息化平台学习区,可自学的学习材料,有引导、控制功能并有可操作性的表单组,掌握学习策略的教师(图1-9)。

图1-9　学习辅助环境

二、学生团队自学

自主合作学习是指在教师指导下,以学生为中心的学习。也就是说,既强调学生的认知主体作用,又不忽视教师的指导作用,教师是意义构建的帮助者、促进者,而不是知识的传授者与灌输者。学生是信息加工的主体、意义的主动构建者,而不是外部刺激的被动接受者和被灌输的对象。学生要成为意义的主动构建者,就要求学生在学习过程中从以下几个方面发挥主体作用:

(1)要用探索法、发现法去构建知识的意义。

(2)在构建意义过程中要求学生主动去搜集并分析有关的信息和资料,对所学习的问题要提出各种假设并努力加以验证。

(3)要把当前学习内容所反映的事物尽量和自己已经知道的事物相联系,并对这种联系加以认真的思考。“联系”与“思考”是意义构建的关键。如果能把联系与思考的过程与协作学习中的协商过程(即交流、讨论的过程)结合起来,则学生构建意义的效率会更高、质量会更好。协商有“自我协商”与“相互协商”(也叫“内部协商”与“社会协商”)两种,自我协商是指自己和自己争辩什么是正确的;相互协商则指学习小组内部相互之间的讨论与辩论(图1-10)。

图1-10　协商学习

学生利用教学资源库、教材、课件等便于自学的学习材料,把手册转变成有可操作性的作业流程表,学会用手册修汽车的方法,培养学生持续发展能力。这里的关键是教师要按学生的实际情况和项目的难度,控制表单中的空白量。

三、教师对学生自学情况加以检查

教师检查学生作业流程表的完成情况、里面存在的问题以及学生反映的问题;设计上课时组织、引导学生解决的方案。

四、教师组织、引导学生讨论

教师组织、引导学生对预习中存在的问题和相关的知识构建问题进行讨论,并由学生提出相应的假设和验证解决方案(图1-11)。

图1-11　教师组织、引导学生讨论

五、学生按各自学习岗位进行轮流实操学习

1. 第一步:操作

实操岗位学生按照预习完成的作业流程表,在指导岗位学生的协助下进行实践操作和验证,并完成相应的工艺表。在此过程中,提高自己的操作技力、知识应用能力、解决实际问题能力和接受他人帮助意识,在实践中对知识进行意义构建。

指导岗位学生仔细观察操作学生的操作情况,利用作业流程表和各种学习资料,及时对操作学生进行指导,使其能顺利进行练习。在此过程中,他能提高自己的观察能力、发现问题能力、语言表达能力、指导能力、协作能力,并能进行相应的知识构建。

评估岗位学生在理解的基础上,通过仔细观察实操岗位学生的操作情况,进行客观、准确的评判、考核,完成评分表填写。在此过程中,他能提高自己的观察能力,发现问题能力、评判能力、协作能力,对知识进行进一步的理解,并更能进行相应的知识构建。

观察岗位学生在理解的基础上,通过仔细观察对实操岗位学生的操作情况,对知识和技术要点进行进一步的理解,并完成相应的观察表。在此过程中,他能提高自己的观察能力、发现问题能力、协作能力,并更能进行相应的知识构建。

总之,在此过程中,在合适的学习环境中,学生有明确的、可操作的学习任务,确保教学有效顺利地进行,并能在不同的岗位全面培养学生的各种能力(图1-12)。

图1-12　学习环境中的不同岗位

2. 第二步:交流汇总

在指导岗位、评估岗位、观察岗位的学生中,以评估岗位学生为主,另外两个岗位学生协助,对操作学生的操作情况加以汇总(图1-13),培养学生的交流能力、团队协作能力、评判能力,并对知识进一步有效的构建。

3. 第三步:互相点评

推荐一名学生,根据汇总的情况对操作学生的练习情况进行简明有效的点评,帮助操作学生发现问题及改进方案,同时其他学生在此过程中进一步反思自己所学知识(图1-14)。在整个学习过程中,每位学生都要负责点评工作。本环节旨在培养点评学生的语言表达能力,培养实操岗位学生接受帮助的习惯、其他学生的学习能力等。

这样就完成了一个循环,接下来每个学生在不同的学习岗位进行一次完成整个项目教学。

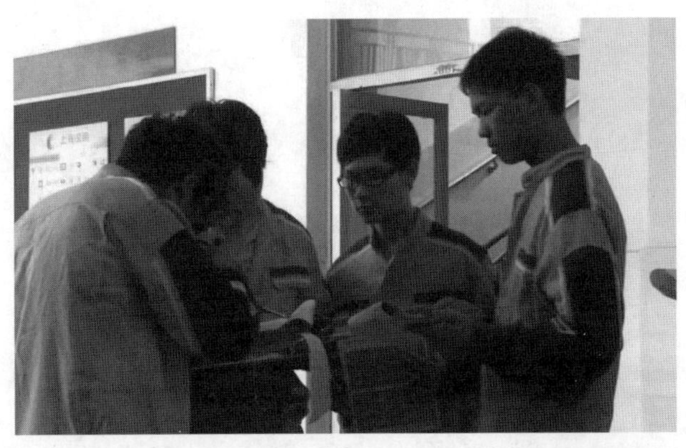

图 1-13　交流汇总

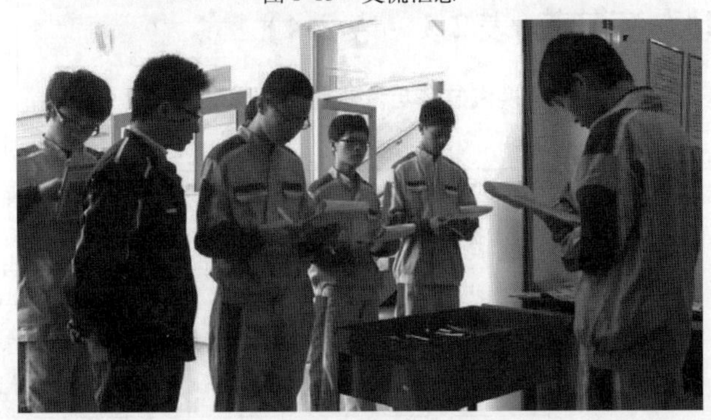

图 1-14　互相点评

六、教学检查、教学总结、反馈

学生在计算机上进行理论考试和实操虚拟考试，教师根据计算机上以上两项记录的成绩和学生互考的成绩统计，确定学生的即时学习情况，反馈给学生，帮助学生完成最终的知识意义构建。

总之，利用信息化技术，向学生提供生动、形象、准确、详细、全面，形式多样，操作方便，学生愿学、易学、自己能学的学习材料是自主合作教学模式的基础。由掌握学习策略的教师进行有效的组织、管理，创设合理的学习环境是自主合作教学的关键。

第二章　汽修教学设计中引导性表单

第一节　曲柄连杆机构

一、更换汽缸垫与汽缸盖(表2-1～表2-4)

更换汽缸垫与汽缸盖作业流程表　　表2-1

操作人员:____________　　日期:____________

序号及内容	项目名称	技术说明	注意事项
一、拆卸汽缸盖和汽缸垫	1. 拆卸汽缸盖螺栓及垫片	1)选用正确的工具	
		2)正确使用工具按手册规定顺序依次拧松汽缸盖螺栓	松动汽缸盖螺栓时应遵循从两边到中间对称对角均匀松动的原则。螺栓拆卸顺序不正确会导致汽缸盖翘曲或破裂
		3)正确使用工具按手册规定的顺序旋出汽缸盖螺栓	汽缸盖的主要故障是翘曲变形、腐蚀、螺纹孔的损伤。因此,在汽缸盖的拆卸过程中,要求在常温下按照规范要求进行
		4)正确使用工具取下汽缸盖螺栓和平垫片	取出螺栓垫片时防止掉落,并放置在和汽缸盖相对应的位置
		5)将拆下的零件摆放在正确的位置	
	2. 取下汽缸盖	1)选用正确的工具	在使用头部缠有胶带的螺丝刀时,不要损坏汽缸盖与汽缸体之间的接触面
		2)确定汽缸盖与汽缸体之间的合理撬动部位	使用螺丝刀或锤子时都应在作用在有定位销位置,并保证受力方向垂直于汽缸盖与汽缸体接触面向上
		3)正确使用工具松动汽缸盖	
		4)双手平行抬下汽缸盖	
		5)拆下的汽缸盖平行摆放	(1)检查汽缸盖在枕木上放置是否平稳,以免汽缸盖掉落损伤
			(2)在枕木上需要垫上抹布
		6)遮挡汽缸体表面	检查定位销是否损坏,丢失

续上表

序号及内容	项 目 名 称	技 术 说 明	注 意 事 项
一、拆卸汽缸盖和汽缸垫	3. 拆卸汽缸垫	1)用双手取下汽缸盖垫	
		2)如果汽缸盖垫粘牢在汽缸体上,可以用铲刀进行分离,并将汽缸垫放到回收箱内	用铲刀进行分离汽缸垫时,不要损坏汽缸体平面
二、检查新的汽缸盖和汽缸垫	1. 检查汽缸盖平面度(汽缸盖平面度,进、排气歧管平面度)	1)将汽缸盖放在枕木上,测量面朝上	
		2)选用正确的工具	
		3)清洁量具和被测表面	量具未清洁会影响测量结果
		4)根据规定的测量点,使用正确的量具分别测出汽缸盖平面度进、排气歧管平面度	(1)汽缸盖平面度测量点为:横向、纵向及交叉共六个位置,在每个位置找出最大缝隙处,作为测量点;其中进、排气歧管的平面度测量点都为交叉两个位置
			(2)测量时,眼睛要与被测平面平齐
			(3)测量时刀口尺不能在汽缸盖上拖动
		5)数据记录、分析	(1)发动机最大翘曲变形:汽缸盖表面为0.05mm;进、排气歧管表面为0.10mm
			(2)若测量值超出标准范围应再次更换汽缸盖
	2. 检查汽缸盖是否破裂	用染色渗透法检查进气口、排气口以及汽缸体表面是否有裂纹,如有裂纹则更换汽缸盖	如果有裂纹应更换汽缸
	3. 检查汽缸垫	1)检查汽缸盖垫表面是否平整,包边贴合是否牢固,是否有划痕、凹陷、褶皱以及锈污等现象	如有以上现象则再次更换汽缸盖垫
		2)确认批次号	
三、安装汽缸盖和汽缸垫	1. 安装汽缸垫	1)检查安装表面是否残留物,若有用铲刀清除	
		2)正确选用工具	
		3)用压缩空气清洁汽缸体表面,清洁汽缸体各油道、水道及螺栓孔	使用压缩空气时,应用一块清洁布盖在气枪上方,以防止油水飞溅
		4)将新衬垫放在汽缸缸体表面上,并使印有批次号的一面朝上	确保汽缸垫按正确的方向安装
		5)确保定位销位置,并检查所有孔的位置是否合适	

续上表

序号及内容	项目名称	技术说明	注意事项
三、安装汽缸盖和汽缸垫	2. 安装汽缸盖	1）将汽缸盖平稳的放置到汽缸体上面，安装时定位销的位置必须对准	（1）取汽缸盖时注意手不能放入汽缸盖下面
			（2）在对准定位销时注意不要滑动，以免定位销损伤汽缸盖底面
		2）正确选用工具	
		3）在螺栓的螺纹和与平垫片相接触的螺栓头下的部位，涂抹薄层机油	
		4）将螺栓和平垫圈放入到汽缸盖的螺栓孔中	不要将垫圈掉落
		5）使用正确的工具按规定的顺序逐次拧紧汽缸盖螺栓	
		6）使用正确的工具按规定的顺序分2次（25N·m、24N·m）对汽缸盖螺栓施加标准力矩	先使用49N·m的标准力矩对汽缸盖螺栓进行紧固，然后再紧固90°+45°
		7）在汽缸盖螺栓前端做起始位置标记	
		8）将汽缸盖螺栓按规定的顺序再次紧固90°，然后再紧固45°	
		9）检查并确认标记与原位置成135°	
备注			

更换汽缸垫与汽缸盖评分表 表2-2

操作人员：＿＿＿＿＿ 操作人员：＿＿＿＿＿ 日期：＿＿＿＿＿ 得分：＿＿＿＿＿

序号	项目名称	评分细则	分值	得分	原因
一	拆卸汽缸盖和汽缸垫（30分）	1. 选用正确的工具	1		
		2. 正确使用工具按手册规定顺序分次拧松汽缸盖螺栓	6		
		3. 正确使用工具按手册规定的顺序旋出汽缸盖螺栓	6		
		4. 正确使用工具取下汽缸盖螺栓和平垫片	2		
		5. 拆下的零件按正确的位置摆放	1		
		6. 选用正确的工具	1		
		7. 确定汽缸盖与汽缸体之间的合理撬动部位	3		
		8. 正确使用工具松动汽缸盖	3		
		9. 双手平行抬下汽缸盖	2		
		10. 拆下的汽缸盖要平行摆放	1		

续上表

<table>
<tr><th>序号</th><th>项 目 名 称</th><th>评 分 细 则</th><th>分值</th><th>得分</th><th>原因</th></tr>
<tr><td rowspan="3">一</td><td rowspan="3">拆卸汽缸盖和汽缸垫(30分)</td><td>11.遮挡汽缸体表面</td><td>1</td><td></td><td></td></tr>
<tr><td>12.用双手取下汽缸盖垫</td><td>1</td><td></td><td></td></tr>
<tr><td>13.如果汽缸盖垫粘牢在汽缸体上,可以用铲刀进行分离,并将汽缸垫放到回收箱内</td><td>2</td><td></td><td></td></tr>
<tr><td rowspan="8">二</td><td rowspan="8">检查新的汽缸盖和汽缸垫(30分)</td><td>1.将汽缸盖放在枕木上,使测量面朝上</td><td>2</td><td></td><td></td></tr>
<tr><td>2.选用正确的工具</td><td>1</td><td></td><td></td></tr>
<tr><td>3.清洁量具和被测表面</td><td>2</td><td></td><td></td></tr>
<tr><td>4.使用正确的量具根据规定的测量点分别测出汽缸盖平面度进、排气歧管平面度</td><td>8</td><td></td><td></td></tr>
<tr><td>5.数据记录、分析</td><td>8</td><td></td><td></td></tr>
<tr><td>6.用染色渗透法检查进气口、排气口以及汽缸体表面是否有裂纹,如有裂纹则更换汽缸盖</td><td>4</td><td></td><td></td></tr>
<tr><td>7.检查汽缸盖垫表面是否平整,包边贴合是否牢固,是否有划痕、凹陷、褶皱以及锈污等现象</td><td>3</td><td></td><td></td></tr>
<tr><td>8.确认批次号</td><td>2</td><td></td><td></td></tr>
<tr><td rowspan="14">三</td><td rowspan="14">安装汽缸盖和汽缸垫(40分)</td><td>1.检查安装表面是否残留物,若有则用铲刀清除</td><td>1</td><td></td><td></td></tr>
<tr><td>2.正确选用工具</td><td>1</td><td></td><td></td></tr>
<tr><td>3.用压缩空气清洁汽缸体表面,清洁汽缸体各油道、水道及螺栓孔</td><td>4</td><td></td><td></td></tr>
<tr><td>4.将新衬垫放在汽缸缸体表面上,并使印有批次号的一面朝上</td><td>2</td><td></td><td></td></tr>
<tr><td>5.确保定位销位置,并检查所有孔的位置是否合适</td><td>1</td><td></td><td></td></tr>
<tr><td>6.将汽缸盖平稳地放置到汽缸体上面,安装时定位销的位置必须对准</td><td>2</td><td></td><td></td></tr>
<tr><td>7.正确选用工具</td><td>1</td><td></td><td></td></tr>
<tr><td>8.在螺栓的螺纹和与平垫片相接触的螺栓头下的部位,涂抹一薄层机油</td><td>2</td><td></td><td></td></tr>
<tr><td>9.将螺栓和平垫圈放入到汽缸盖的螺栓孔中</td><td>2</td><td></td><td></td></tr>
<tr><td>10.使用正确的工具按规定的顺序逐次拧紧汽缸盖螺栓</td><td>10</td><td></td><td></td></tr>
<tr><td>11.使用正确的工具按规定的顺序分2次(25N·m、24N·m)对汽缸盖螺栓施加标准力矩</td><td>5</td><td></td><td></td></tr>
<tr><td>12.在汽缸盖螺栓前端做起始位置标记</td><td>2</td><td></td><td></td></tr>
<tr><td>13.将汽缸盖螺栓按规定的顺序再次紧固90°,然后再紧固45°</td><td>5</td><td></td><td></td></tr>
<tr><td>14.检查并确认标记与原位置成135°</td><td>2</td><td></td><td></td></tr>
<tr><td colspan="3">总 分</td><td>100</td><td></td><td></td></tr>
</table>

更换汽缸垫与汽缸盖观察表

表 2-3

观察人员:____________ 操作人员:____________ 日期:____________

序号及内容	项目名称	观察记录	意见建议
一、拆卸汽缸盖和汽缸垫	1. 选用正确的工具		
	2. 正确使用工具按手册规定顺序分次拧松汽缸盖螺栓		
	3. 正确使用工具按手册规定的顺序旋出汽缸盖螺栓		
	4. 正确使用工具取下汽缸盖螺栓和平垫片		
	5. 拆下的零件按正确的位置摆放		
	6. 选用正确的工具		
	7. 确定汽缸盖与汽缸体之间的合理撬动部位		
	8. 正确使用工具松动汽缸盖		
	9. 双手平行抬下汽缸盖		
	10. 将拆下的汽缸盖平行摆放		
	11. 遮挡汽缸体表面		
	12. 用双手取下汽缸盖垫		
	13. 如果汽缸盖垫粘牢在汽缸体上,可以用铲刀分离,并将汽缸垫放到回收箱内		
二、检查新的汽缸盖和汽缸垫	1. 将汽缸盖放在枕木上,使测量面朝上		
	2. 选用正确的工具		
	3. 清洁量具和被测表面		
	4. 使用正确的量具根据规定的测量点分别测出汽缸盖平面度进、排气歧管平面度		
	5. 进行数据记录、分析		
	6. 用染色渗透法检查进气口、排气口以及汽缸体表面是否有裂纹,如有裂纹则更换汽缸盖		
	7. 检查汽缸盖垫表面是否平整,包边贴合是否牢固,是否有划痕、凹陷、褶皱以及锈污等现象		
	8. 确认批次号		
三、安装汽缸盖和汽缸垫	1. 检查安装表面是否残留物,若有用铲刀清除		
	2. 正确选用工具		
	3. 用压缩空气清洁汽缸体表面,清洁汽缸体各油道、水道及螺栓孔		
	4. 将新衬垫放在汽缸缸体表面上,并使印有批次号的一面朝上		
	5. 确保定位销位置,并检查所有孔的位置是否合适		

续上表

序号及内容	项 目 名 称	观察记录	意见建议
三、安装汽缸盖和汽缸垫	6. 将汽缸盖平稳地放置到汽缸体上面，安装时定位销的位置必须对准		
	7. 正确选用工具		
	8. 在螺栓的螺纹和与平垫片相接触的螺栓头下的部位，涂抹一薄层机油		
	9. 将螺栓和平垫圈放入到汽缸盖的螺栓孔中		
	10. 使用正确的工具按规定的顺序逐次拧紧汽缸盖螺栓		
	11. 使用正确的工具按规定的顺序分两次(25N·m、24N·m)对汽缸盖螺栓施加标准力矩		
	12. 在汽缸盖螺栓前端做起始位置标记		
	13. 将汽缸盖螺栓按规定的顺序再次紧固 90°，然后再紧固 45°		
	14. 检查并确认标记与原位置呈 135°		

更换汽缸垫与汽缸盖操作工艺单

表 2-4

操作人员：____________　　　　日期：____________

序号及内容	项 目 名 称	操作结果记录	操作数据记录
一、拆卸汽缸盖和汽缸垫	1. 选用正确的工具		
	2. 正确使用工具按手册规定顺序分次拧松汽缸盖螺栓		
	3. 正确使用工具按手册规定的顺序旋出汽缸盖螺栓		
	4. 正确使用工具取下汽缸盖螺栓和平垫片		
	5. 拆下的零件按正确的位置摆放		
	6. 选用正确的工具		
	7. 确定汽缸盖与汽缸体之间的合理撬动部位		
	8. 正确使用工具松动汽缸盖		
	9. 双手平行抬下汽缸盖		
	10. 拆下的汽缸盖平行摆放		
	11. 遮挡汽缸体表面		
	12. 用双手取下汽缸盖垫		
	13. 如果汽缸盖垫粘牢在汽缸体上，可以用铲刀进行分离，并将汽缸垫放到回收箱内		
二、检查新的汽缸盖和汽缸垫	1. 将汽缸盖放在枕木上，测量面朝上		
	2. 选用正确的工具		
	3. 清洁量具和被测表面		

续上表

序号及内容	项 目 名 称	操作结果记录	操作数据记录
二、检查新的汽缸盖和汽缸垫	4. 使用正确的量具根据规定的测量点分别测出汽缸盖平面度进、排歧管平面度		
	5. 进行数据记录、分析		
	6. 用染色渗透法检查进气口、排气口以及汽缸体表面是否有裂纹,如有裂纹则更换汽缸盖		
	7. 检查汽缸盖垫表面是否平整,包边贴合是否牢固,是否有划痕、凹陷、褶皱以及锈污等现象		
	8. 确认批次号		
三、安装汽缸盖和汽缸垫	1. 检查安装表面是否有残留物,若有用铲刀清除		
	2. 正确选用工具		
	3. 用压缩空气清洁汽缸体表面,清洁汽缸体各油道、水道及螺栓孔		
	4. 将新衬垫放在汽缸缸体表面上,并使印有批次号的一面朝上		
	5. 确保定位销位置,并检查所有孔的位置是否合适		
	6. 将汽缸盖平稳地放置到汽缸体上面,安装时定位销的位置必须对准		
	7. 正确选用工具		
	8. 在螺栓的螺纹和与平垫片相接触的螺栓头下的部位,涂抹一薄层机油		
	9. 将螺栓和平垫圈放入到汽缸盖的螺栓孔中		
	10. 使用正确的工具按规定的顺序逐次拧紧汽缸盖螺栓		
	11. 使用正确的工具按规定的顺序分两次(25N·m、24N·m)对汽缸盖螺栓施加标准力矩		
	12. 在汽缸盖螺栓前端做起始位置标记		
	13. 将汽缸盖螺栓按规定的顺序再次紧固 90°,然后再紧固 45°		
	14. 检查并确认标记与原位置呈 135°		
备注说明			

二、拆装、检测活塞连杆组（表2-5～表2-8）

拆装、检测活塞连杆组作业流程表　　表2-5

操作人员：__________　　日期：__________

序号及内容	项目名称	技术说明	注意事项
一、前期准备	1.整体拆下活塞连杆组前的准备	1）翻转缸体90°或180°（以拆卸1缸活塞连杆组为例）	
		2）使用17mm套筒、棘轮扳手转动曲轴固定螺栓，使1缸活塞连杆组处于活塞行程上止点位置。用铲刀去除汽缸平面的残留物和活塞顶部的积炭	用铲刀去除汽缸平面的残留物时，铲刀应从中间往两边方向铲，以防止汽缸平面上的残留物、油污掉入汽缸内
	2.检查缸肩	1）使用17mm套筒、棘轮扳手转动曲轴固定螺栓，使1缸活塞连杆组处于活塞行程下止点位置	
		2）检查缸肩，必要时用铰刀铰削	
二、拆下并分解活塞连杆组	1.整体拆下活塞连杆组	1）检查并确认连杆和连杆盖上的装配标记，若无标记，应在连杆轴承盖上做好标记	连杆和连杆盖的装配标记是为了确保正确地重新安装
		2）使用14mm套筒、扭力扳手、棘轮扳手交替多次松开并拆下连杆轴承盖固定螺栓（但不取出螺栓）	
		3）用两个已拆下的连杆轴承盖固定螺栓，用手握紧螺栓头部，通过左右摇动连杆轴承盖方式拆下连杆轴承盖	
		4）用木槌柄轻轻敲击连杆大端，推出活塞、连杆总成和上轴承	用木槌柄敲击连杆大端时用力要小，木槌柄不能敲击连杆上轴承
		5）按正确的顺序摆放活塞和连杆总成	
	2.分解活塞连杆组	1）使用活塞环扩张器拆下1号、2号压缩环	使用活塞环扩张器时用力要均匀
		2）用手拆下油环刮片和油环弹簧	
		3）用手拆下连杆上下轴承	

续上表

序号及内容	项目名称	技术说明	注意事项
二、拆下并分解活塞连杆组	2. 分解活塞连杆组	4）观察活塞顶部、裙部、连杆轴承表面是否有明显划痕、开裂、磨损，若零件表面磨损较严重须更换零件	磨损后的活塞环较锐利，会对人造成伤害
		5）按正确的顺序摆放零件	
		6）清洁、整理工具	
三、清洁活塞连杆组零件	清洁活塞连杆组零件	1）用铲刀或折断的活塞环清除活塞环槽内的积炭、油污	不要用钢丝刷清洗活塞顶部
		2）用铲刀清除活塞环上的积炭、油污	
		3）用洗油、羊毛刷清洗活塞、活塞环、连杆、连杆轴承、连杆轴承盖、连杆轴承盖固定螺栓	
		4）用压缩空气吹净所有清洗的零件	
四、检测活塞连杆组	1. 测量前的准备	1）用清洁布清洁连杆轴颈、下轴承	用手拧连杆固定螺栓时，如果感觉吃力，要马上停止检查
		2）用压缩空气吹净连杆轴颈、下轴承	
		3）用手安装连杆下轴承，并润滑下轴承	
		4）将活塞连杆总成放入相对应的汽缸内，安装记号朝前，用木槌柄轻轻推活塞顶部，使连杆轴承与连杆轴颈完全接触	
		5）将连杆固定螺栓放入连杆轴承盖螺栓孔内，检查连杆盖标记并按标记对正；用手将连杆固定螺栓旋入几扣，感觉螺纹是否吻合，如果不吻合则重新安装连杆轴承盖固定螺栓	
		6）用14mm套筒、棘轮扳手旋入连杆固定螺栓	
		7）先用14mm套筒、扭力扳手分两次拧紧连杆螺栓至20N·m，而后用记号笔在螺栓上做记号，或使用转角器，旋转螺栓45°，再旋转45°	
		8）用清洁布清洁连杆轴承盖外表面，并用压缩空气吹净	

续上表

序号及内容	项 目 名 称	技 术 说 明	注 意 事 项
四、检测活塞连杆组	2. 测量连杆轴向间隙	1)先将磁性表座吸附在汽缸体上,调整百分表,使百分表表头紧贴在轴承盖的侧面上;然后对百分表预压(1mm)、调零	(1)百分表的调整螺母必须锁紧,否则会因为百分表松动影响测量结果 (2)百分表的测量杆应与轴承盖侧面垂直,否则会影响测量结果
		2)用手前后移动连杆轴承盖,同时观察百分表的数值。该连杆轴向间隙为百分表左右偏摆值之和,标准轴向间隙为0.160~0.342mm,最大轴向间隙:0.342mm	
		3)填表,进行结果分析,如果轴向间隙大于最大值,必要时更换连杆总成。如有必要,则更换曲轴	
		4)拆下连杆轴承盖	
		5)清洁、整理量具	
	3. 检查工作	再次确认活塞顶部的记号是否朝前。检查连杆轴颈和连杆轴承是否有点蚀和划痕	如果连杆轴颈、连杆轴承磨损严重,应更换
	4. 测量油膜间隙	1)在连杆轴颈、连杆下轴承涂抹少量润滑油	(1)将连杆轴颈涂上机油并轻微润滑连杆轴承,以便在拆卸连杆轴承盖时塑料测量条不会撕裂 (2)安装轴承盖后,不要转动曲轴
		2)按轴承宽度,切割塑料测量条长度,将塑料条沿轴向放在连杆轴颈和连杆下轴承之间	(1)如果更换轴承,则新轴承的编号应与各连杆盖的号一致。通过各轴承表面的1、2或3指示其标准厚度 (2)测量后应完全清除塑料间隙规
		3)安装连杆轴承盖	
		4)拆下连杆轴承盖	
		5)测量展平后的塑料测量条的宽度(最宽处),标准油膜间隙为0.030~0.062mm,最大油膜间隙:0.07mm	
		6)填表,结果分析,如果油膜间隙大于最大值,则更换连杆轴承。如有必要,检查曲轴	
		7)完全清除连杆轴颈、连杆下轴承处的间隙规	
		8)拆下活塞连杆组	
		9)清洁、整理工具	

续上表

序号及内容	项目名称	技术说明	注意事项
四、检测活塞连杆组	5. 调量缸表	1)清洁汽缸壁	
		2)清洁、校对游标卡尺	
		3)使用游标卡尺测量汽缸口处的直径,确定基本尺寸80.5mm	用游标卡尺测量时,卡尺必须与汽缸平面垂直,当卡尺的两个内量爪贴近汽缸壁时应做轻轻晃动,以取得测量时的最大直径;然后将卡尺的锁紧螺母加紧后进行读数
		4)清洁、校对千分尺,把千分尺调到80.5mm后锁止	
		5)清洁、组装量缸表	调表时,眼睛要平视百分表
		6)百分表预压1mm,锁紧螺母	
		7)选择正确的测量杆,装上并锁止螺栓	
		8)将量缸表放到千分尺上预压、调零	
	6. 测量汽缸直径	1)在汽缸的径向和轴向测量该缸的汽缸直径。测量点所在的平面分别距离汽缸平面10mm处和50mm处	(1)在测量汽缸直径时,要先将导向轮放入汽缸并贴着缸壁直到表头达到待测位置 (2)在测量时要前后摆动量缸表,当指针出现最大偏转时的读数及为该位置汽缸的直径
		2)填表,分析结果。标准直径:80.500~80.513mm;最大直径:80.633mm。如果4个位置的平均缸径值大于最大值,则更换汽缸体	
	7. 检查活塞直径	1)用压缩空气吹净活塞裙部	与活塞销垂直的裙部位置为测量点(最大直径位置)
		2)清洁、校对游标卡尺	
		3)调整游标卡尺到12.6mm锁止,同时在活塞裙部相应位置做好记号	
		4)清洁、校对外径千分尺	
		5)在距活塞顶部12.6mm处测量活塞直径	测量时,外径千分尺应平端

续上表

序号及内容	项 目 名 称	技 术 说 明	注 意 事 项
四、检测活塞连杆组	7. 检查活塞直径	6）填表，结果分析，当活塞直径小于该活塞直径级别最小数值（80.461～80.471mm）时，则更换活塞	
		7）用清洁布活塞，并用压缩空气吹净	
		8）清洁、整理量具	
	8. 测量汽缸内径	参见相关内容	
	9. 计算活塞油膜间隙	用汽缸缸径（最大）测量值减去活塞直径测量值即为活塞油膜间隙，活塞的标准油膜间隙为0.029～0.052mm，最大油膜间隙：0.09mm。如果油膜间隙大于最大值，则更换所有活塞。如有必要，更换汽缸体	
	10. 测量活塞环侧隙	1）用清洁布清洁厚薄规	
		2）用记号笔在活塞顶部做好测量位置的记号	活塞环侧隙测量点分为3点，每个测量点各错开120°
		3）确认新的活塞环零件号，检查外观有无损伤	
		4）将两道新的活塞环分别放在对应的环槽内，围绕环槽旋转一周，应能自由活动，无阻滞现象	
		5）根据标准侧隙选择厚薄规厚度，测量两道压缩环的侧隙： 第一道压缩环的标准侧隙：0.02～0.07mm； 第二道压缩环的标准侧隙：0.02～0.06mm； 刮油环的标准侧隙0.02～0.065mm	如果活塞环过厚，试用另一活塞环。如果没有符合规格的活塞环，将砂纸放在玻璃上打磨活塞环至规定尺寸
		6）填表，分析结果，如果环槽间隙不符合规定，则更换活塞	
		7）用清洁布擦掉活塞顶部的记号	
		8）用清洁布清洁两道压缩环，并用压缩空气吹净	
		9）清洁、整理量具	

续上表

序号及内容	项目名称	技术说明	注意事项
四、检测活塞连杆组	11. 测量活塞环端隙	1)用清洁布清洁汽缸壁	
		2)用压缩空气吹净汽缸壁	
		3)用清洁布清洁厚薄规	
		4)将第一道压缩环放入相对应的汽缸内	活塞环放入汽缸内时，应用双手捏住活塞环端口相对应的部位倾斜放入汽缸内，等活塞环完全放入汽缸内后，将端口相对应的部位稍稍提起，使活塞环与汽缸平面基本平行
		5)用活塞从汽缸体的顶部将活塞环推至活塞环底部使其行程超过50mm	用活塞推活塞环时，活塞未完全进入汽缸前应保持活塞与汽缸平面垂直
		6)用厚薄规测量第一道压缩环端隙，第一道压缩环标准端隙：0.2～0.3mm；最大端隙：0.5mm	测量时，用厚薄规平移至端口的方式进行测量
		7)用同样方法测量第二道压缩环、上下刮油环端隙，第二道压缩环标准端隙：0.3～0.5mm；最大端隙：0.7mm；上下刮油环的标准端隙：0.1～0.4mm，最大端隙：0.7mm	
		8)填表，分析结果，如果端隙大于最大值，则更换活塞环。换上新的活塞环后，如果端隙仍大于最大值，则更换汽缸体	
		9)用清洁布清洁两道压缩环、上下刮油环，并用压缩空气吹净	
		10)清洁、整理量具	
	12. 检测连杆轴承盖固定螺栓	1)观察连杆轴承盖固定螺栓是否有明显变形	
		2)观察螺纹，分别把连杆轴承盖固定螺栓拧到连杆螺栓孔内，观察是否能容易地拧到底。如果不能拧到底，则更换螺栓或检查连杆螺栓孔螺纹是否磨损、乱牙	
		3)清洁、校对游标卡尺；游标卡尺测量螺栓受力部分的直径，连杆轴承盖固定螺栓的标准直径：6.6～6.7mm 最小直径：6.4mm 如果直径小于最小值，则更换连杆螺栓	

续上表

序号及内容	项目名称	技术说明	注意事项
五、安装活塞连杆组	1. 组装活塞连杆组	1)用清洁布清洁所有活塞连杆组零件,并用压缩空气吹净	
		2)用手安装油环弹簧、下刮油环、上刮油环	
		3)用活塞环扩张器安装第二道压缩环,标记 A1 朝上,再安装第一道压缩环,标记 A2 朝上;使油漆标记处于教学资源库中指定的位置	
		4)将两道压缩环和刮油环端口处于同一位置,在所有活塞环端口位置加注润滑油,用手将活塞环旋转一周	
		5)分别将刮油环、两道压缩环的端口置于手册规定位置	
		6)润滑活塞裙部、活塞销、连杆上轴承,用手涂抹均匀	
	2. 将活塞连杆组装入汽缸	1)翻转缸体 90°,使汽缸平面朝上	
		2)确认连杆轴颈是否处于下止点位置,如果不在下止点位,则转动曲轴,使其处于正确位置	
		3)用清洁布清洁汽缸平面、汽缸壁、连杆轴颈,并用压缩空气吹净	
		4)润滑汽缸壁、连杆轴颈,并用手涂抹均匀	
		5)用清洁布清洁卡箍内表面,润滑卡箍内表面,并用手涂抹均匀	
		6)在活塞头部安装并旋紧卡箍,将活塞顶部标记朝向缸体正前方,轻轻将连杆放入汽缸中	
		7)用橡胶锤轻轻敲击活塞环卡箍边沿,使卡箍的下沿与缸体上平面完全贴合	

续上表

序号及内容	项目名称	技术说明	注意事项
五、安装活塞连杆组	2. 将活塞连杆组装入汽缸	8）再次旋紧卡箍，确保三道活塞环被完全收紧	
		9）再次确认活塞顶头标记是否朝向缸体正前方，然后用木锤柄推活塞顶部，直到活塞连杆上轴承与连杆轴颈完全接触即可	（1）用木槌柄推活塞顶部时，用力要均匀
			（2）若活塞顶部标记朝向错误，则应重新安装
			（3）用木槌柄推活塞顶部时，如果发现有卡滞现象，应停止操作，要再次检查活塞环和卡箍的安装状态
		10）安装连杆轴承盖	
		11）检查并确认曲轴转动顺畅	
备注			

拆装、检测活塞连杆组评分表 表 2-6

操作人员：__________ 操作人员：__________ 日期：__________ 得分：__________

序号及内容	评分细则	分值	得分	原因
一、整体拆下活塞连杆组前的准备	1. 翻转缸体 90°或 180°（以拆卸 1 缸活塞连杆组为例）	1		
	2. 使用 17mm 套筒、棘轮扳手转动曲轴固定螺栓，使 1 缸活塞连杆组处于活塞行程上止点位置。 用铲刀去除汽缸平面残留物和活塞顶部的积炭	2		
二、检查缸肩	1. 使用 17mm 套筒、棘轮扳手转动曲轴固定螺栓，使 1 缸活塞连杆组处于活塞行程下止点位置	1		
	2. 检查缸肩，必要时用铰刀铰削	1		
三、整体拆下活塞连杆组	1. 检查并确认连杆和连杆盖上的装配标记。若无标记，应在连杆轴承盖上做好标记	2		
	2. 使用 14mm 套筒、扭力扳手、棘轮扳手交替多次松开并拆下连杆轴承盖固定螺栓（但不取出螺栓）	1		
	3. 用两个已拆下的连杆轴承盖固定螺栓，用手握紧螺栓头部，通过左右摇动连杆轴承盖方式拆下连杆轴承盖	2		
	4. 用木槌柄轻轻敲击连杆大端，推出活塞、连杆总成和上轴承	2		
	5. 按正确的顺序摆放活塞和连杆总成	1		
四、分解活塞连杆组	1. 使用活塞环扩张器拆下 1 号、2 号压缩环	1		
	2. 用手拆下油环刮片和油环弹簧	2		
	3. 用手拆下连杆上下轴承	2		
	4. 观察活塞顶部、裙部、连杆轴承表面是否有明显划痕、开裂、磨损。若零件表面磨损较严重则换零件	2		
	5. 按正确的顺序摆放零件	1		
	6. 清洁、整理工具	1		

续上表

序号及内容	评 分 细 则	分值	得分	原因
五、清洁活塞连杆组零件	1. 用铲刀或折断的活塞环清除活塞环槽内的积炭、油污	2		
	2. 用铲刀清除活塞环上的积炭、油污	1		
	3. 用洗油、羊毛刷清洗活塞、活塞环、连杆、连杆轴承、连杆轴承盖、连杆轴承盖固定螺栓	2		
	4. 用压缩空气吹净所有清洗的零件	1		
六、测量前的准备	1. 用清洁布清洁连杆轴颈、下轴承	1		
	2. 用压缩空气吹净连杆轴颈、下轴承	1		
	3. 用手安装连杆下轴承，并润滑下轴承	1		
	4. 将活塞连杆总成放入相对应的汽缸内，使安装记号朝前；用木槌柄轻轻推活塞顶部，使连杆轴承与连杆轴颈完全接触	3		
	5. 将连杆固定螺栓放入连杆轴承盖螺栓孔内，检查连杆盖标记并按标记对正，用手将连杆固定螺栓旋入几扣，感觉螺纹是否吻合。如果不吻合则要重新安装连杆轴承盖固定螺栓	2		
	6. 用 14mm 套筒、棘轮扳手旋入连杆固定螺栓	2		
	7. 先用 14mm 套筒、扭力扳手分两次拧紧连杆螺栓至 20N·m，而后用记号笔在螺栓上做记号或使用转角器，旋转螺栓 45°，再旋转 45°	3		
	8. 用清洁布清洁连杆轴承盖外表面，并用压缩空气吹净	1		
七、测量连杆轴向间隙	1. 把磁性表座吸附在汽缸体上，调整百分表，使百分表表头紧贴在轴承盖的侧面上，并对百分表预压(1mm)、调零	1		
	2. 用手前后移动连杆轴承盖，同时观察百分表的数值，该连杆轴向间隙为百分表左右偏摆值之和，标准轴向间隙为 0.160 ~ 0.342mm，最大轴向间隙：0.342mm	3		
	3. 填表，结果分析，如果轴向间隙大于最大值，必要时更换连杆总成。如有必要，则更换曲轴。	2		
	4. 拆下连杆轴承盖			
	5. 清洁、整理量具	1		
八、检查工作	再次确认活塞顶部的记号是否朝前。检查连杆轴颈和连杆轴承是否有点蚀和划痕	2		
九、测量油膜间隙	1. 在连杆轴颈、连杆下轴承涂抹少量润滑油	2		
	2. 按轴承宽度，切割塑料测量条长度，将塑料条沿轴向放在连杆轴颈和连杆下轴承之间	1		
	3. 安装连杆轴承盖			
	4. 拆下连杆轴承盖			
	5. 测量展平后的塑料测量条的宽度(最宽处)，标准油膜间隙为 0.030 ~ 0.062mm；最大油膜间隙：0.07mm	2		

续上表

<table>
<tr><th>序号及内容</th><th>评分细则</th><th>分值</th><th>得分</th><th>原因</th></tr>
<tr><td rowspan="4">九、测量油膜间隙</td><td>6. 填表,结果分析,如果油膜间隙大于最大值,则更换连杆轴承。如有必要,检查曲轴</td><td>2</td><td></td><td></td></tr>
<tr><td>7. 完全清除连杆轴颈、连杆下轴承处的塑料间隙规</td><td>1</td><td></td><td></td></tr>
<tr><td>8. 拆下活塞连杆组</td><td></td><td></td><td></td></tr>
<tr><td>9. 清洁、整理工具</td><td>1</td><td></td><td></td></tr>
<tr><td rowspan="8">十、调量缸表</td><td>1. 清洁汽缸壁</td><td>1</td><td></td><td></td></tr>
<tr><td>2. 清洁、校对游标卡尺</td><td>1</td><td></td><td></td></tr>
<tr><td>3. 使用游标卡尺测量汽缸口处的直径,确定基本尺寸</td><td>1</td><td></td><td></td></tr>
<tr><td>4. 清洁、校对千分尺,把千分尺调到 80.5mm 后锁止</td><td>1</td><td></td><td></td></tr>
<tr><td>5. 清洁、组装量缸表</td><td>1</td><td></td><td></td></tr>
<tr><td>6. 将百分表预压 1mm,锁紧螺母</td><td>1</td><td></td><td></td></tr>
<tr><td>7. 选择正确的测量杆,装上并锁止螺母</td><td>2</td><td></td><td></td></tr>
<tr><td>8. 将量缸表放到千分尺上预压、调零</td><td>1</td><td></td><td></td></tr>
<tr><td rowspan="2">十一、测量汽缸直径</td><td>1. 在汽缸的径向和轴向测量该缸的汽缸直径。测量点所在的平面分别距离汽缸平面 10mm 处和 50mm 处</td><td>6</td><td></td><td></td></tr>
<tr><td>2. 填表,分析结果。标准直径:80.500 ~ 80.513mm;最大直径:80.633mm。如果 4 个位置的平均缸径值大于最大值,则更换汽缸体</td><td>4</td><td></td><td></td></tr>
<tr><td rowspan="8">十二、检查活塞直径</td><td>1. 用压缩空气吹净活塞裙部</td><td>1</td><td></td><td></td></tr>
<tr><td>2. 清洁、校对游标卡尺</td><td>1</td><td></td><td></td></tr>
<tr><td>3. 调整游标卡尺至 12.6mm 锁止,然后在活塞裙部相应位置做好记号</td><td>1</td><td></td><td></td></tr>
<tr><td>4. 清洁、校对外径千分尺</td><td>1</td><td></td><td></td></tr>
<tr><td>5. 在距活塞顶部 12.6mm 处测量活塞直径</td><td>1</td><td></td><td></td></tr>
<tr><td>6. 填表,结果分析,当活塞直径小于该活塞直径级别最小数值(80.461 ~ 80.471mm)时,更换活塞</td><td>2</td><td></td><td></td></tr>
<tr><td>7. 用清洁布活塞,并用压缩空气吹净</td><td>1</td><td></td><td></td></tr>
<tr><td>8. 清洁、整理量具</td><td>1</td><td></td><td></td></tr>
<tr><td>十三、测量汽缸内径</td><td>参见相关内容</td><td></td><td></td><td></td></tr>
<tr><td>十四、计算活塞油膜间隙</td><td>用汽缸缸径(最大)测量值减去活塞直径测量值即为活塞油膜间隙,活塞的标准油膜间隙为 0.029 ~ 0.052mm;最大油膜间隙:0.09mm。
如果油膜间隙大于最大值,则更换所有活塞。如有必要,更换汽缸体</td><td>3</td><td></td><td></td></tr>
<tr><td rowspan="3">十五、测量活塞环侧隙</td><td>1. 用清洁布清洁厚薄规</td><td>1</td><td></td><td></td></tr>
<tr><td>2. 用记号笔在活塞顶部做好测量位置的记号</td><td>1</td><td></td><td></td></tr>
<tr><td>3. 确认新的活塞环零件号,检查外观有无损伤</td><td>2</td><td></td><td></td></tr>
</table>

续上表

序号及内容	评分细则	分值	得分	原因
十五、测量活塞环侧隙	4. 将两道新的活塞环分别放在对应的环槽内,围绕环槽旋转一周,应能自由活动,无阻滞现象	2		
	5. 根据标准侧隙选择厚薄规厚度,测量两道压缩环的侧隙,第一道压缩环的标准侧隙:0.02~0.07mm;第二道压缩环的标准侧隙:0.02~0.06mm;刮油环的标准侧隙:0.02~0.065mm	6		
	6. 填表,分析结果。如果环槽间隙不符合规定,则更换活塞	4		
	7. 用清洁布擦掉活塞顶部的记号	1		
	8. 用清洁布清洁两道压缩环,并用压缩空气吹净	1		
	9. 清洁、整理量具	1		
十六、测量活塞环端隙	1. 用清洁布清洁汽缸壁	1		
	2. 用压缩空气吹净汽缸壁	1		
	3. 用清洁布清洁厚薄规	1		
	4. 将第一道压缩环放入相对应的汽缸内	1		
	5. 用活塞从汽缸体的顶部将活塞环推至活塞环底部使其行程超过50mm	1		
	6. 用厚薄规测量第一道压缩环端隙,第一道压缩环标准端隙:0.2~0.3mm;最大端隙:0.5mm	2		
	7. 用同样方法测量第二道压缩环、上下刮油环端隙,第二道压缩环标准端隙:0.3~0.5mm;最大端隙:0.7mm,上下刮油环的标准端隙:0.1~0.4mm,最大端隙:0.7mm	3		
	8. 填表,分析结果。如果端隙大于最大值,则更换活塞环。换上新的活塞环后,如果端隙仍大于最大值,则更换汽缸体	2		
	9. 用清洁布清洁两道压缩环、上下刮油环,并用压缩空气吹净	1		
	10. 清洁、整理量具	1		
十七、检测连杆轴承盖固定螺栓	1. 观察连杆轴承盖固定螺栓是否有明显变形	1		
	2. 观察螺纹,分别把连杆轴承盖固定螺栓拧到连杆螺栓孔内,是否能容易地拧到底。如果不能拧到底,则更换螺栓或检查连杆螺栓孔螺纹是否磨损、乱牙	2		
	3. 清洁、校对游标卡尺;用游标卡尺测量螺栓受力部分的直径,连杆轴承盖固定螺栓的标准直径:6.6~6.7mm;最小直径:6.4mm。如果直径小于最小值,则更换连杆螺栓	4		
十八、组装活塞连杆组	1. 用清洁布清洁所有活塞连杆组零件,并用压缩空气吹净	1		
	2. 用手安装油环弹簧、下刮油环和上刮油环	1		
	3. 用活塞环扩张器安装第二道压缩环,标记 A1 朝上,再安装第一道压缩环,标记 A2 朝上;使油漆标记处于指定位置	2		

续上表

序号及内容	评分细则	分值	得分	原因
十八、组装活塞连杆组	4. 将两道压缩环和刮油环端口处于同一位置,在所有活塞环端口位置加注润滑油,用手将活塞环旋转一周	2		
	5. 分别将刮油环、两道压缩环的端口置于手册规定位置	2		
	6. 润滑活塞裙部、活塞销、连杆上轴承,用手涂抹均匀	1		
十九、将活塞连杆组装入汽缸	1. 翻转缸体 90°,使汽缸平面朝上	1		
	2. 确认连杆轴颈是否处于下止点位置,否则应转动曲轴,使其处于正确位置	1		
	3. 用清洁布清洁汽缸平面、汽缸壁、连杆轴颈,并用压缩空气吹净	1		
	4. 润滑汽缸壁、连杆轴颈,并用手涂抹均匀	1		
	5. 用清洁布清洁卡箍内表面,润滑卡箍内表面,并用手涂抹均匀	1		
	6. 在活塞头部安装并旋紧卡箍,将活塞顶部标记朝向缸体正前方,轻轻将连杆放入汽缸中	1		
	7. 用塑料锤轻轻敲击活塞环卡箍边沿,使卡箍的下沿与缸体上平面完全贴合	1		
	8. 再次旋紧卡箍,确保三道活塞环被完全收紧	1		
	9. 再次确认活塞顶头标记是否朝向缸体正前方,然后用槌柄推活塞顶部,直到活塞连杆上轴承与连杆轴颈完全接触即可	1		
	10. 安装连杆轴承盖			
	11. 检查并确认曲轴转动顺畅	1		

拆装、检测活塞连杆组观察表　　　　表 2-7

观察人员:________　　操作人员:________　　日期:________

序号及内容	项目名称	观察记录	意见建议
一、整体拆下活塞连杆组前的准备	1. 翻转缸体 90°或 180°(以拆卸 1 缸活塞连杆组为例)		
	2. 使用 17mm 套筒、棘轮扳手转动曲轴固定螺栓,使 1 缸活塞连杆组处于活塞行程上止点位置。用铲刀去除汽缸平面残留物和活塞顶部的积炭		
二、检查缸肩	1. 使用 17mm 套筒、棘轮扳手转动曲轴固定螺栓,使 1 缸活塞连杆组处于活塞行程下止点位置		
	2. 检查缸肩,必要时用铰刀铰削		
三、整体拆下活塞连杆组	1. 检查并确认连杆和连杆盖上的装配标记,若无标记,应在连杆轴承盖上做好标记		
	2. 使用 14mm 套筒、扭力扳手、棘轮扳手交替多次松开并拆下连杆轴承盖固定螺栓(但不取出螺栓)		
	3. 用两个已拆下的连杆轴承盖固定螺栓,用手握紧螺栓头部,通过左右摇动连杆轴承盖方式拆下连杆轴承		
	4. 用木槌柄轻轻敲击连杆大端,推出活塞、连杆总成和上轴承		
	5. 按正确的顺序摆放活塞和连杆总成		

续上表

序号及内容	项 目 名 称	观察记录	意见建议
四、分解活塞连杆组	1. 使用活塞环扩张器拆下 1 号、2 号压缩环		
	2. 用手拆下油环刮片和油环弹簧		
	3. 用手拆下连杆上下轴承		
	4. 观察活塞顶部、裙部、连杆轴承表面是否有明显划痕、开裂、磨损，若零件表面磨损较严重需更换零件		
	5. 按正确的顺序摆放零件		
	6. 清洁、整理工具		
五、清洁活塞连杆组零件	1. 用铲刀或折断的活塞环清除活塞环槽内的积炭、油污		
	2. 用铲刀清除活塞环上的积炭、油污		
	3. 用洗油、羊毛刷清洗活塞、活塞环、连杆、连杆轴承、连杆轴承盖、连杆轴承盖固定螺栓		
	4. 用压缩空气吹净所有清洗的零件		
六、测量前的准备	1. 用清洁布清洁连杆轴颈、下轴承		
	2. 用压缩空气吹净连杆轴颈、下轴承		
	3. 用手安装连杆下轴承，并润滑下轴承		
	4. 将活塞连杆总成放入相对应的汽缸内，安装记号朝前，用木槌柄轻轻推活塞顶部，使连杆轴承与连杆轴颈完全接触		
	5. 将连杆固定螺栓放入连杆轴承盖螺栓孔内，检查连杆盖标记并按标记对正，用手将连杆固定螺栓旋入几扣，感觉螺纹是否吻合。如果不吻合，则重新安装连杆轴承盖固定螺栓		
	6. 用 14mm 套筒、棘轮扳手旋入连杆固定螺栓		
	7. 用 14mm 套筒、扭力扳手分两次拧紧连杆螺栓至 20N · m，而后用记号笔在螺栓上做记号或使用转角器，旋转螺栓 45°，再旋转 45°		
	8. 用清洁布清洁连杆轴承盖外表面，并用压缩空气吹净		
七、测量连杆轴向间隙	1. 把磁性表座吸附在汽缸体上，调整百分表，使百分表表头紧贴在轴承盖的侧面上，并对百分表预压(1mm)、调零		
	2. 用手前后移动连杆轴承盖，同时观察百分表的数值，该连杆轴向间隙为百分表左右偏摆值之和，标准轴向间隙为 0. 160 ~ 0. 342mm，最大轴向间隙：0. 342mm		
	3. 填表，结果分析。如果轴向间隙大于最大值，必要时更换连杆总成。如有必要，则更换曲轴。		
	4. 拆下连杆轴承盖		
	5. 清洁、整理量具		
八、检查工作	1. 再次确认活塞顶部的记号是否朝前		
	2. 检查连杆轴颈和连杆轴承是否有点蚀和划痕		

续上表

序号及内容	项 目 名 称	观察记录	意见建议
九、测量油膜间隙	1. 在连杆轴颈、连杆下轴承涂抹少量润滑油		
	2. 按轴承宽度,切割塑料测量条长度,将塑料条沿轴向放在连杆轴颈和连杆下轴承之间		
	3. 安装连杆轴承盖		
	4. 拆下连杆轴承盖		
	5. 测量展平后的塑料测量条的宽度(最宽处),标准油膜间隙为0.030~0.062mm;最大油膜间隙:0.07mm		
	6. 填表,结果分析。如果油膜间隙大于最大值,则更换连杆轴承。如有必要,检查曲轴		
	7. 完全清除连杆轴颈、连杆下轴承处的塑料间隙规		
	8. 拆下活塞连杆组		
	9. 清洁、整理工具		
十、调量缸表	1. 清洁汽缸壁		
	2. 清洁、校对游标卡尺		
	3. 使用游标卡尺测量汽缸口处的直径,确定基本尺寸80.5mm		
	4. 清洁、校对千分尺,把千分尺调到80.5mm后锁止		
	5. 清洁、组装量缸表		
	6. 百分表预压1mm,锁紧螺母		
	7. 选择正确的测量杆,装上并锁止螺母		
	8. 将量缸表放到千分尺上预压、调零		
十一、测量汽缸直径	1. 在汽缸的径向和轴向测量该缸的汽缸直径。测量点所在的平面分别距离汽缸平面10mm处和50mm处		
	2. 填表,分析结果。标准直径:80.500~80.513mm,最大直径:80.633mm。如果4个位置的平均缸径值大于最大值,则更换汽缸体		
十二、检查活塞直径	1. 用压缩空气吹净活塞裙部		
	2. 清洁、校对游标卡尺		
	3. 调整游标卡尺到12.6mm锁止,并在活塞裙部相应位置做好记号		
	4. 清洁、校对外径千分尺		
	5. 在距活塞顶部12.6mm处测量活塞直径		
	6. 填表,结果分析。当活塞直径小于该活塞直径级别最小数值(80.461~80.471mm)时,更换活塞		
	7. 用清洁布活塞,并用压缩空气吹净		
	8. 清洁、整理量具		
十三、测量汽缸内径	参见相关内容		

续上表

序号及内容	项 目 名 称	观察记录	意见建议
十四、计算活塞油膜间隙	用汽缸缸径(最大)测量值减去活塞直径测量值即为活塞油膜间隙。活塞的标准油膜间隙为0.029~0.052mm;最大油膜间隙:0.09mm。如果油膜间隙大于最大值,则更换所有活塞。如有必要,更换汽缸体		
十五、测量活塞环侧隙	1. 用清洁布清洁厚薄规		
	2. 用记号笔在活塞顶部做好测量位置的记号		
	3. 确认新的活塞环零件号,检查外观有无损伤		
	4. 将两道新的活塞环分别放在对应的环槽内,围绕环槽旋转一周,应能自由活动,无阻滞现象		
	5. 根据标准侧隙选择厚薄规厚度,测量两道压缩环的侧隙,第一道压缩环的标准侧隙:0.02~0.07mm;第二道压缩环的标准侧隙:0.02~0.06mm;刮油环的标准侧隙0.02~0.065mm		
	6. 填表,分析结果。如果环槽间隙不符合规定,则更换活塞		
	7. 用清洁布擦掉活塞顶部的记号		
	8. 用清洁布清洁两道压缩环,并用压缩空气吹净		
	9. 清洁、整理量具		
十六、测量活塞环端隙	1. 用清洁布清洁汽缸壁		
	2. 用压缩空气吹净汽缸壁		
	3. 用清洁布清洁厚薄规		
	4. 将第一道压缩环放入相对应的汽缸内		
	5. 用活塞从汽缸体的顶部将活塞环推至活塞环底部使其行程超过50mm		
	6. 用厚薄规测量第一道压缩环端隙,第一道压缩环标准端隙:0.2~0.3mm;最大端隙:0.5mm		
	7. 用同样方法测量第二道压缩环、上下刮油环端隙,第二道压缩环标准端隙:0.3~0.5mm;最大端隙:0.7mm,上下刮油环的标准端隙:0.1~0.4mm,最大端隙:0.7mm		
	8. 填表,分析结果。如果端隙大于最大值,则更换活塞环。换上新的活塞环后,如果端隙仍大于最大值,则更换汽缸体		
	9. 用清洁布清洁两道压缩环、上下刮油环,并用压缩空气吹净		
	10. 清洁、整理量具		
十七、检测连杆轴承盖固定螺栓	1. 观察连杆轴承盖固定螺栓是否有明显变形		
	2. 观察螺纹,分别把连杆轴承盖固定螺栓拧到连杆螺栓孔内,是否能容易地拧到底。否则更换螺栓或检查连杆螺栓孔螺纹是否磨损、乱牙		
	3. 清洁、校对游标卡尺;游标卡尺测量螺栓受力部分的直径,连杆轴承盖固定螺栓的标准直径:6.6~6.7mm;最小直径:6.4mm。 如果直径小于最小值,则更换连杆螺栓		

续上表

序号及内容	项 目 名 称	观察记录	意见建议
十八、组装活塞连杆组	1. 用清洁布清洁所有活塞连杆组零件,并用压缩空气吹净		
	2. 用手安装油环弹簧、下刮油环、上刮油环		
	3. 用活塞环扩张器安装第二道压缩环,标记 A1 朝上,再安装第一道压缩环,标记 A2 朝上;使油漆标记处于图示位置		
	4. 将两道压缩环和刮油环端口处于同一位置,在所有活塞环端口位置加注润滑油,用手将活塞环旋转一周		
	5. 分别将刮油环、两道压缩环的端口置于手册规定位置		
	6. 润滑活塞裙部、活塞销、连杆上轴承,用手涂抹均匀		
十九、将活塞连杆组装入汽缸	1. 翻转缸体 90°,使汽缸平面朝上		
	2. 确认连杆轴颈是否处于下止点位置,否则应转动曲轴,使其处于正确位置		
	3. 用清洁布清洁汽缸平面、汽缸壁、连杆轴颈,并用压缩空气吹净		
	4. 润滑汽缸壁、连杆轴颈,并用手涂抹均匀		
	5. 用清洁布清洁卡箍内表面,润滑卡箍内表面,并用手涂抹均匀		
	6. 在活塞头部安装并旋紧卡箍,将活塞顶部标记朝向缸体正前方,轻轻将连杆放入汽缸中		
	7. 用塑料锤轻轻敲击活塞环卡箍边沿,使卡箍的下沿与缸体上平面完全贴合		
	8. 再次旋紧卡箍,确保三道活塞环被完全收紧		
	9. 先再次确认活塞顶头标记是否朝向缸体正前方,然后用木槌柄推活塞顶部,直到活塞连杆上轴承与连杆轴颈完全接触即可		
	10. 安装连杆轴承盖		
	11. 检查并确认曲轴转动顺畅		
教师点评			

拆装、检测活塞连杆组操作工艺单

表 2-8

操作人员:__________ 日期:__________

序号及内容	项 目 名 称	操作结果记录	操作数据记录
一、整体拆下活塞连杆组前的准备	1. 翻转缸体 90°或 180°(以拆卸 1 缸活塞连杆组为例)		
	2. 使用 17mm 套筒、棘轮扳手转动曲轴固定螺栓,使 1 缸活塞连杆组处于活塞行程上止点位置。 用铲刀去除汽缸平面残留物和活塞顶部的积炭		
二、检查缸肩	1. 使用 17mm 套筒、棘轮扳手转动曲轴固定螺栓,使 1 缸活塞连杆组处于活塞行程下止点位置		
	2. 检查缸肩,必要时用铰刀铰削		

续上表

序号及内容	项 目 名 称	操作结果记录	操作数据记录
三、整体拆下活塞连杆组	1. 检查并确认连杆和连杆盖上的装配标记，若无标记，应在连杆轴承盖上做好标记		
	2. 使用14mm套筒、扭力扳手、棘轮扳手交替多次松开并拆下连杆轴承盖固定螺栓（但不取出螺栓）		
	3. 用两个已拆下的连杆轴承盖固定螺栓，用手握紧螺栓头部，通过左右摇动连杆轴承盖方式拆下连杆轴承盖		
	4. 用木槌柄轻轻敲击连杆大端，推出活塞、连杆总成和上轴承		
	5. 按正确的顺序摆放活塞和连杆总成		
四、分解活塞连杆组	1. 使用活塞环扩张器拆下1号、2号压缩环		
	2. 用手拆下油环刮片和油环弹簧		
	3. 用手拆下连杆上下轴承		
	4. 观察活塞顶部、裙部、连杆轴承表面是否有明显划痕、开裂、磨损。若零件表面磨损较严重需更换零件		
	5. 按正确的顺序摆放零件		
	6. 清洁、整理工具		
五、清洁活塞连杆组零件	1. 用铲刀或折断的活塞环清除活塞环槽内的积炭、油污		
	2. 用铲刀清除活塞环上的积炭、油污		
	3. 用洗油、羊毛刷清洗活塞、活塞环、连杆、连杆轴承、连杆轴承盖、连杆轴承盖固定螺栓		
	4. 用压缩空气吹净所有清洗的零件		
六、测量前的准备	1. 用清洁布清洁连杆轴颈、下轴承		
	2. 用压缩空气吹净连杆轴颈、下轴承		
	3. 用手安装连杆下轴承，并润滑下轴承		
	4. 将活塞连杆总成放入相对应的汽缸内，安装记号朝前，用木槌柄轻轻推活塞顶部，使连杆轴承与连杆轴颈完全接触		
	5. 将连杆固定螺栓放入连杆轴承盖螺栓孔内，检查连杆盖标记并按标记对正，用手将连杆固定螺栓旋入几扣，感觉螺纹是否吻合。如果不吻合，则重新安装连杆轴承盖固定螺栓		
	6. 用14mm套筒、棘轮扳手旋入连杆固定螺栓		
	7. 先用14mm套筒、扭力扳手分两次拧紧连杆螺栓至20N·m，而后用记号笔在螺栓上做记号或使用转角器，旋转螺栓45°，再旋转45°		
	8. 用清洁布清洁连杆轴承盖外表面，并用压缩空气吹净		

续上表

序号及内容	项 目 名 称	操作结果记录	操作数据记录
七、测量连杆轴向间隙	1. 把磁性表座吸附在汽缸体上,调整百分表,使百分表表头紧贴在轴承盖的侧面上,并对百分表预压(1mm)、调零		
	2. 用手前后移动连杆轴承盖,同时观察百分表的数值。该连杆轴向间隙为百分表左右偏摆值之和,标准轴向间隙为 0.160 ~ 0.342mm;最大轴向间隙:0.342mm		
	3. 填表,结果分析。如果轴向间隙大于最大值,必要时更换连杆总成。如有必要,则更换曲轴。		
	4. 拆下连杆轴承盖		
	5. 清洁、整理量具		
八、检查工作	1. 再次确认活塞顶部的记号是否朝前		
	2. 检查连杆轴颈和连杆轴承是否有点蚀和划痕		
九、测量油膜间隙	1. 在连杆轴颈、连杆下轴承涂抹少量润滑油		
	2. 按轴承宽度,切割塑料测量条长度,将塑料条沿轴向放在连杆轴颈和连杆下轴承之间		
	3. 安装连杆轴承盖		
	4. 拆下连杆轴承盖		
	5. 测量展平后的塑料测量条的宽度(最宽处)。标准油膜间隙为 0.030 ~ 0.062mm;最大油膜间隙:0.07mm		
	6. 填表,结果分析。如果油膜间隙大于最大值,则更换连杆轴承。如有必要,检查曲轴		
	7. 完全清除连杆轴颈、连杆下轴承处的塑料间隙规		
	8. 拆下活塞连杆组		
	9. 清洁、整理工具		
十、调量缸表	1. 清洁汽缸壁		
	2. 清洁、校对游标卡尺		
	3. 使用游标卡尺测量汽缸口处的直径,确定基本尺寸 80.5mm		
	4. 清洁、校对千分尺,把千分尺调到 80.5mm 后锁止		
	5. 清洁、组装量缸表		
	6. 百分表预压 1mm,锁紧螺母		
	7. 选择正确的测量杆,装上并锁止螺母		
	8. 将量缸表放到千分尺上预压、调零		
十一、测量汽缸直径	1. 在汽缸的径向和轴向测量该缸的汽缸直径。测量点所在的平面分别距离汽缸平面 10mm 处和 50mm 处		
	2. 填表,分析结果。标准直径:80.500 ~ 80.513mm,最大直径:80.633mm。 如果 4 个位置的平均缸径值大于最大值,则更换汽缸体		

续上表

序号及内容	项目名称	操作结果记录	操作数据记录
十二、检查活塞直径	1.用压缩空气吹净活塞裙部		
	2.清洁、校对游标卡尺		
	3.调整游标卡尺12.6mm锁止,并在活塞裙部相应位置做好记号		
	4.清洁、校对外径千分尺		
	5.在距活塞顶部12.6mm处测量活塞直径		
	6.填表,结果分析。当活塞直径小于该活塞直径级别最小数值(80.461~80.471mm)时,更换活塞		
	7.用清洁布活塞,并用压缩空气吹净		
	8.清洁、整理量具		
十三、测量汽缸内径	参见相关内容		
十四、计算活塞油膜间隙	用汽缸缸径(最大)测量值减去活塞直径测量值即为活塞油膜间隙。活塞的标准油膜间隙为0.029~0.052mm;最大油膜间隙:0.09mm。 如果油膜间隙大于最大值,则更换所有活塞。如有必要,更换汽缸体		
十五、测量活塞环侧隙	1.用清洁布清洁厚薄规		
	2.用记号笔在活塞顶部做好测量位置的记号		
	3.确认新的活塞环零件号,检查外观有无损伤		
	4.将两道新的活塞环分别放在对应的环槽内,围绕环槽旋转一周,应能自由活动,无阻滞现象		
	5.根据标准侧隙选择厚薄规厚度,测量两道压缩环的侧隙,第一道压缩环的标准侧隙:0.02~0.07mm;第二道压缩环的标准侧隙:0.02~0.06mm;刮油环的标准侧隙0.02~0.065mm		
	6.填表,分析结果。如果环槽间隙不符合规定,则更换活塞		
	7.用清洁布擦掉活塞顶部的记号		
	8.用清洁布清洁两道压缩环,并用压缩空气吹净		
	9.清洁、整理量具		
十六、测量活塞环端隙	1.用清洁布清洁汽缸壁		
	2.用压缩空气吹净汽缸壁		
	3.用清洁布清洁厚薄规		
	4.将第一道压缩环放入相对应的汽缸内		
	5.用活塞从汽缸体的顶部将活塞环推至活塞环底部使其行程超过50mm		
	6.用厚薄规测量第一道压缩环端隙,第一道压缩环标准端隙:0.2~0.3mm;最大端隙:0.5mm		

续上表

序号及内容	项 目 名 称	操作结果记录	操作数据记录
十六、测量活塞环端隙	7. 用同样方法测量第二道压缩环、上下刮油环端隙,第二道压缩环标准端隙:0.3~0.5mm;最大端隙:0.7mm,上下刮油环的标准端隙:0.1~0.4mm,最大端隙:0.7mm		
	8. 填表,分析结果。如果端隙大于最大值,则更换活塞环。换上新的活塞环后,如果端隙仍大于最大值,则更换汽缸体		
	9. 用清洁布清洁两道压缩环、上下刮油环,并用压缩空气吹净		
	10. 清洁、整理量具		
十七、检测连杆轴承盖固定螺栓	1. 观察连杆轴承盖固定螺栓是否有明显变形		
	2. 观察螺纹,分别把连杆轴承盖固定螺栓拧到连杆螺栓孔内,是否能容易地拧到底。如果不能拧到底,则更换螺栓或检查连杆螺栓孔螺纹是否磨损、乱牙		
	3. 清洁、校对游标卡尺: 用游标卡尺测量螺栓受力部分的直径,连杆轴承盖固定螺栓的标准直径:6.6~6.7mm;最小直径:6.4mm。 如果直径小于最小值,则更换连杆螺栓		
十八、组装活塞连杆组	1. 用清洁布清洁所有活塞连杆组零件,并用压缩空气吹净		
	2. 用手安装油环弹簧、下刮油环、上刮油环		
	3. 用活塞环扩张器安装第二道压缩环,标记 A1 朝上,再安装第一道压缩环,标记 A2 朝上;使油漆标记处于图示位置		
	4. 将两道压缩环和刮油环端口处于同一位置,在所有活塞环端口位置加注润滑油,用手将活塞环旋转一周		
	5. 分别将刮油环、两道压缩环的端口置于手册规定位置		
	6. 润滑活塞裙部、活塞销、连杆上轴承,用手涂抹均匀		
十九、将活塞连杆组装入汽缸	1. 翻转缸体 90°,使汽缸平面朝上		
	2. 确认连杆轴颈是否处于下止点位置,否则应转动曲轴,使其处于正确位置		
	3. 用清洁布清洁汽缸平面、汽缸壁、连杆轴颈,并用压缩空气吹净		
	4. 润滑汽缸壁、连杆轴颈,并用手涂抹均匀		
	5. 用清洁布清洁卡箍内表面,润滑卡箍内表面,并用手涂抹均匀		
	6. 在活塞头部安装并旋紧卡箍,将活塞顶部标记朝向缸体正前方,轻轻将连杆放入汽缸中		
	7. 用塑料锤轻轻敲击活塞环卡箍边沿,使卡箍的下沿与缸体上平面完全贴合		
	8. 再次旋紧卡箍,确保三道活塞环被完全收紧		
	9. 再次确认活塞顶头标记是否朝向缸体正前方,然后用木槌柄推活塞顶部,直到活塞连杆上轴承与连杆轴颈完全接触即可		
	10. 安装连杆轴承盖		
	11. 检查并确认曲轴转动顺畅		
备注			

三、检测汽缸压缩压力(表2-9～2-12)

检测汽缸压缩压力操作流程表　　　　表2-9

操作人员:____________　　　　　　　　日期:____________

序号及内容	项目名称	技术说明	注意事项
一、暖机并停止发动机	1. 起动发动机暖机	起动发动机,保持低速、中速运行使发动机暖机;暖机过程要观察仪表台水温表,等水温上升至正常温度(80～93℃),即可将发动机熄火	(1)检查发动机运转是否正常,以便于接下来检查
			(2)若仪表台水温温度没有到达,会造成检测汽缸压力不准确
	2. 点火开关置于OFF位置	将点火开关置于OFF位置	(1)检查点火开关是否关闭
			(2)若不易转动钥匙,可轻轻晃动转向盘,然后再转动
二、拆下汽缸盖罩	1. 拆下汽缸盖罩	握住罩的后端并提起,以脱开罩后端的两个卡子。继续提起盖罩,以脱开罩前端的两个卡子并拆下盖罩	(1)同时脱开前后卡子可能会使汽缸盖破裂
			(2)拆卸完毕后检查是否完好
	2. 汽缸盖罩摆放	将拆卸的汽缸盖罩放置到零件车规定的位置	检查是否放置正确
三、拆下4个点火线圈	1. 断开点火线圈总成线束连接器	按下点火线圈总成线束连接器锁舌,将点火线圈总成线束连接器向外拔出	取出时注意用力要适当,不要损伤连接器
	2. 拆卸点火线圈总成线束固定螺栓	选用10mm套筒、长接杆及扭力扳手旋松点火线圈总成线束固定螺栓	拆卸时位置要对正,以免在拧出时损伤固定螺栓的螺纹
	3. 拆卸点火线圈总成固定螺栓	选用10mm套筒、长接杆及棘轮扳手拆卸点火线圈总成固定螺栓,最后用手取下	(1)拧出时注意不要损伤螺栓的螺纹
			(2)取下螺栓时注意不要掉落
	4. 拔出点火线圈总成	先旋动点火线圈总成,再垂直拔出点火线圈总成,拔出后按顺序摆放到零件车上	(1)点火线圈总成如拔不出,不要硬拔,要先旋动点火线圈总成,使火花塞螺塞盖松动,然后再拔出点火线圈总成
			(2)拆下点火线圈总成时,不要损坏发动机缸盖罩开口上的火花塞盖或火花塞套管顶部边缘
	5. 将拔出点火线圈依次编号	用红色记号笔依次在拆卸的点火线圈上做标记	(1)做标记时不要搞错点火线圈的位置
			(2)做标记要清晰并明显
四、拆卸火花塞(4个)	1. 旋松火花塞	选用14mm火花塞套筒、长接杆及指针式扭力扳手进行工具组合;将火花塞套筒与火花塞对正套好,依次旋松4个火花塞	(1)拆卸火花塞之前,要检查火花塞套筒橡胶是否损坏
			(2)必须将火花塞套筒与火花塞中心对正

续上表

<table>
<tr><th>序号及内容</th><th>项 目 名 称</th><th>技 术 说 明</th><th>注 意 事 项</th></tr>
<tr><td rowspan="4">四、拆卸火花塞(4 个)</td><td>2. 清洁火花塞处</td><td>选用高压气枪清洁火花塞孔内的灰尘或其他杂物</td><td>拆卸火花塞之前一定要清洁干净火花塞孔内的灰尘或其他杂物,防止拆卸火花塞后,灰尘或杂物掉进汽缸里</td></tr>
<tr><td rowspan="3">3. 拆卸火花塞</td><td rowspan="3">选用 14mm 火花塞专用套筒、长接杆及棘轮扳手进行工具组合;将火花塞套筒与火花塞对正套好,旋松火花塞,然后摘下棘轮,用手拧动,直到螺纹完全退出;确保工具套牢火花塞后将其取出来</td><td>(1)拆卸火花塞之前,要检查火花塞套筒橡胶是否损坏</td></tr>
<tr><td>(2)必须将火花塞套筒与火花塞中心对正</td></tr>
<tr><td>(3)取出火花塞时,注意火花塞不能碰到孔壁,防止脱落</td></tr>
<tr><td rowspan="2">五、断开喷油器连接器(4 个)</td><td rowspan="2">断开喷油器连接器</td><td rowspan="2">按下喷油器连接器锁舌,依次将 4 个喷油器连接器向外拔出</td><td>(1)拆卸时注意拆卸部位</td></tr>
<tr><td>(2)拔出时注意用力不要过大,以免损伤喷油器连接器</td></tr>
<tr><td rowspan="7">六、检查、安装汽缸压力表</td><td rowspan="3">1. 检查汽缸压力表密封性</td><td rowspan="3">1)取来汽缸压力表,检查汽缸压力表测量杆的火花塞孔座连接端及压力表连接端密封是否良好。
2)检查汽缸压力表的外观检查。
3)检查泄压阀开关开闭是否正常</td><td>(1)检查时如果发现汽缸压力表测量杆的密封橡胶密封不好或有破损则更换新的表来测量,否则会影响测量的结果</td></tr>
<tr><td>(2)外观检查是否有跌落或破损</td></tr>
<tr><td>(3)注意与火花塞座孔连接不要拧得过紧</td></tr>
<tr><td>2. 检查汽缸压力表工作是否正常</td><td>观察汽缸压力表是否完好,指针是否归零</td><td>检查汽缸压力表外观是否有损坏(外观是否有裂纹)</td></tr>
<tr><td rowspan="3">3. 安装压力表</td><td rowspan="3">组装汽缸压力表的附件,将汽缸压力表的测量杆橡胶密封塞对正火花塞孔,将其拧紧,确保火花塞孔密封良好</td><td>(1)安装过程中注意安装位置是否正确</td></tr>
<tr><td>(2)注意拧紧螺纹情况和密封圈是否完好</td></tr>
<tr><td>(3)拧紧到密封圈密封的状态,注意不要过紧(三维动画)</td></tr>
<tr><td rowspan="4">七、测量汽缸压力</td><td rowspan="4">1. 转动发动机</td><td rowspan="4">1)转动发动机,测量1 缸汽缸压力,起动连续时间应保持在 3 ~ 5 次循环脉冲。
2)节气门处于全开的位置。(使用非接触式转速仪)。
3)每次测量都要检测表的归零状态</td><td>(1)在测量时,水温必须在 85℃以上</td></tr>
<tr><td>(2)使用完全充电的蓄电池,以便发动机转速达到 250r/min 以上</td></tr>
<tr><td>(3)尽可能在短的时间内测量压缩压力</td></tr>
<tr><td>(4)依次测量其他汽缸压缩压力</td></tr>
</table>

续上表

序号及内容	项 目 名 称	技 术 说 明	注 意 事 项
七、测量汽缸压力	2. 读取汽缸压力表测量值	1）读取并记录每缸汽缸压力值：注意观察并记录第一次和最后最大压缩压力。（卡罗拉规定最大压缩压力：1373kPa；最小压缩压力：1079kPa）。 2）如果汽缸压缩压力偏低，通过火花塞孔往汽缸中注入少量的发动机机油并再次检查（解释原因和目的）。 根据测量记录比对标准与压力差	（1）进一步的检测动态的密封效果
			（2）注意汽缸压力表同一的循环次数（最好取3次循环）
			（3）加注机油的原因分析
八、拆下汽缸压力表	拆下汽缸压力表	1）旋出汽缸压力表测试软管。 2）分解汽缸压力表及其附件。 3）清洁并将其放置到压力表专用盒内	（1）旋出时注意不要损伤软管
			（2）分解汽缸压力表及其附件时注意不要掉落损坏
			（3）清点附件并将其放置归位
九、连接喷油器连接器	连接喷油器连接器	依次连接1～4缸喷油器连接器，确保连接器锁止可靠	连接插入时切勿斜插，以防喷油器端子损伤
十、安装火花塞	安装火花塞	选择火花塞套筒及加长杆，依次将4个火花塞正确插入火花塞套筒，握住工具，连同火花塞垂直放入火花塞孔，并用手正确旋入螺纹，直到拧不动为止。再使用扭力扳手以20N·m的力矩紧固火花塞	（1）根据火花塞安装位置，选择正确的加长杆
			（2）安装前检查火花塞套筒是否卡紧火花塞
			（3）放入时，不能磕碰火花塞孔壁
			（4）在火花塞旋入螺纹时应对正，并能顺利旋入，如遇阻力过大时应旋出检查
十一、安装点火线圈总成	1. 安装点火线圈总成	取来点火线圈总成，先检查点火线圈头部绝缘套是否完好，再对好点火线圈总成螺孔，垂直压入点火线圈总成	（1）安装点火线圈总成时，位置要安装到位
			（2）安装时，不要损伤发动机缸盖罩开口上的火花塞至火花塞套管顶部边缘
	2. 安装点火线圈总成固定螺栓	徒手将点火线圈固定螺栓正确旋入螺纹处，然后选用10mm套筒、长接杆及扭力扳手以10N·m的力矩紧固点火线圈固定螺栓	（1）应垂直将螺栓拧入螺栓孔
			（2）当用手无法旋紧螺栓时，应检查螺栓或螺纹孔是否损坏
			（3）必须按维修手册规定力矩拧紧
	3. 安装点火线圈总成线束固定螺栓	正确选用工具拧紧点火线圈总成线束固定螺栓	（1）正确选用工具
			（2）使用工具正确进行安装
	4. 插接点火线圈线束连接器	插接点火线圈连接器，确保连接器锁止可靠	（1）正确安装点火线圈连接器
			（2）检查连接器锁止是否正常
	5. 安装发动机盖罩	双手握住发动机盖罩，对准安装孔位置，依次按下前、后端，确保安装到位	切勿强制安装罩盖，以防损坏

续上表

序号及内容	项目名称	技术说明	注意事项
十二、再次起动发动机	再次起动发动机,检查发动机运转是否正常。各性能是否正常	再次起动发动机,检查发动机运转是否正常。各性能是否正常	
十三、清洁整理工具	1. 清洁工具	清洁	
	2. 恢复/整理工具	工具整理,放置	
备注			

检测汽缸压缩压力评分表 表 2-10

操作人员:__________ 操作人员:__________ 日期:__________ 得分:__________

序号	项目名称	评分细则	分值	得分	原因
一	暖机并停止发动机(5 分)	1. 起动发动机暖机	3		
		2. 点火开关置于 OFF 位置	2		
二	拆下汽缸盖罩(5 分)	1. 拆下汽缸盖罩	3		
		2. 汽缸盖罩摆放	2		
三	拆下 4 个点火线圈(10 分)	1. 断开点火线圈总成线束连接器	2		
		2. 拆卸点火线圈总成线束固定螺栓	2		
		3. 拆卸点火线圈总成固定螺栓	2		
		4. 拔出点火线圈总成	2		
		5. 将拔出点火线圈依次编号	2		
四	拆卸火花塞(4 个)(10 分)	1. 旋松火花塞	4		
		2. 清洁火花塞	2		
		3. 拆卸火花塞	4		
五	断开喷油器连接器(4 个)(5 分)	断开喷油器连接器	5		
六	检查、安装汽缸压力表(10 分)	1. 检查汽缸压力表密封性	4		
		2. 检查汽缸压力表工作是否正常	2		
		3. 安装压力表	4		
七	测量汽缸压力(10 分)	1. 转动发动机	3		
		2. 读取汽缸压力表测量值	7		
八	拆下汽缸压力表(5 分)	拆下汽缸压力表	5		
九	连接喷油器连接器(5 分)	连接喷油器连接器	5		
十	安装火花塞(5 分)	安装火花塞	5		

续上表

序号	项目名称	评分细则	分值	得分	原因
十一	安装点火线圈总成(10分)	1. 安装点火线圈总成	2		
		2. 安装点火线圈总成固定螺栓	2		
		3. 安装点火线圈总成线束固定螺栓	2		
		4. 插接点火线圈线束连接器	2		
		5. 安装发动机盖罩	2		
十二	再次起动发动机(10分)	再次起动发动机,检查发动机运转是否正常。各性能是否正常	5		
十三	清洁整理工具(10分)	1. 清洁工具,每次1分	3		
		2. 恢复/整理工具(2分);扭力扳手归位(1分)	3		
		3. 操作中是否有物体落地或损坏(共4分,可倒扣)	4		
总分			100		

检测汽缸压缩压力操作观察表　　　　表2-11

观察人员:__________　　操作人员:__________　　日期:__________

序号及内容	项目名称	操作结果记录	操作数据记录
一、暖机并停止发动机	1. 起动发动机暖机		
	2. 点火开关置于OFF位置		
二、拆下汽缸盖罩	1. 拆下汽缸盖罩		
	2. 汽缸盖罩摆放		
三、拆下4个点火线圈	1. 断开点火线圈总成线束连接器		
	2. 拆卸点火线圈总成线束固定螺栓		
	3. 拆卸点火线圈总成固定螺栓		
	4. 拔出点火线圈总成		
	5. 将拔出点火线圈依次编号		
四、拆卸火花塞(4个)	1. 旋松火花塞		
	2. 清洁火花塞处		
	3. 拆卸火花塞		
五、断开喷油器连接器(4个)	断开喷油器连接器		
六、检查、安装汽缸压力表	1. 检查汽缸压力表密封性		
	2. 检查汽缸压力表工作是否正常		
	3. 安装压力表		
七、测量汽缸压力	1. 转动发动机		
	2. 读取汽缸压力表测量值		
八、拆下汽缸压力表	拆下汽缸压力表		
九、连接喷油器连接器	连接喷油器连接器		

续上表

序号及内容	项 目 名 称	操作结果记录	操作数据记录
十、安装火花塞	安装火花塞		
十一、安装点火线圈总成	1. 安装点火线圈总成		
	2. 安装点火线圈总成固定螺栓		
	3. 安装点火线圈总成线束固定螺栓		
	4. 插接点火线圈线束连接器		
	5. 安装发动机盖罩		
十二、再次起动发动机	再次起动发动机,检查发动机运转是否正常,各性能是否正常		
十三、清洁整理工具	1. 清洁工具		
	2. 恢复/整理工具		
备注			

检测汽缸压缩压力操作工艺单

表 2-12

操作人员:________　　日期:________

序号及内容	项 目 名 称	操作结果记录	操作数据记录
一、暖机并关闭发动机	1. 起动发动机暖机		
	2. 点火开关置于 OFF 位置		
二、拆下汽缸盖罩	1. 拆下汽缸盖罩		
	2. 摆放汽缸盖罩		
三、拆下 4 个点火线圈	1. 断开点火线圈总成线束连接器		
	2. 拆卸点火线圈总成线束固定螺栓		
	3. 拆卸点火线圈总成固定螺栓		
	4. 拔出点火线圈总成		
	5. 将拔出点火线圈依次编号		
四、拆卸火花塞(4 个)	1. 旋松火花塞		
	2. 清洁火花塞处		
	3. 拆卸火花塞		
五、断开喷油器连接器(4 个)	断开喷油器连接器		
六、检查、安装汽缸压力表	1. 检查汽缸压力表密封性		
	2. 检查汽缸压力表工作是否正常		
	3. 安装压力表		
七、测量汽缸压力	1. 转动发动机		
	2. 读取汽缸压力表测量值		
八、拆下汽缸压力表	拆下汽缸压力表		
九、连接喷油器连接器	连接喷油器连接器		

续上表

序号及内容	项目名称	操作结果记录	操作数据记录
十、安装火花塞	安装火花塞		
十一、安装点火线圈总成	1. 安装点火线圈总成		
	2. 安装点火线圈总成固定螺栓		
	3. 安装点火线圈总成线束固定螺栓		
	4. 插接点火线圈线束连接器		
	5. 安装发动机盖罩		
十二、再次起动发动机	再次起动发动机，检查发动机运转及各性能是否正常		
十三、清洁整理工具	1. 清洁工具		
	2. 恢复/整理工具		
备注说明			

第二节　配气机构

一、检查与更换传动皮带（表2-13～表2-16）

检查与更换传动皮带流程表　　　　表2-13

操作人员：__________　　　　日期：__________

序号及内容	项目名称	技术说明	注意事项
一、车上检查传动皮带	车上检查传动皮带	检查传动皮带是否有过度磨损、加强筋损坏、老化及皮带棱上有脱落、磨损	传动皮带出现过度磨损、加强筋损坏、老化及皮带棱上有脱落、磨损，则更换皮带
二、拆卸传动皮带	1. 关闭点火开关	检查点火开关位置，确保点火开关在“OFF”位置	
	2. 拆卸发动机盖罩	提起发动机盖罩前端，再提起发动机盖罩后端，取下发动机盖罩	
	3. 拆卸散热器上空气导流板	用手按下散热器上空气导流板的固定塑料锁扣的锁芯，拆下锁扣，取下散热器上空气导流板	严禁使用金属工具拆卸
	4. 拆卸蓄电池负极电缆	选用10mm套筒及棘轮扳手，拧松蓄电池负极电缆锁紧螺母，取下蓄电池负极电缆	1）拆卸时，点火开关必须处于OFF状态
			2）取下蓄电池负极电缆后要固定好，防止其自动回位造成线路短路
	5. 举升车辆	按下举升按钮举升车辆至操作的合适高度，停止举升并锁止	在举升之前要检查车辆四周无人员、检查举升机支架与车辆支撑位置放好、检查车辆中心对正无偏斜、检查车辆无负重

续上表

序号及内容	项目名称	技术说明	注意事项
二、拆卸传动皮带	6. 拆卸右前车辆轮胎	先选用21mm轮胎专用套筒及气动工具对角拆卸轮胎固定螺母；然后取下轮胎放到轮胎架上	使用气动工具时不能戴手套
	7. 拆卸发动机后部右侧底罩	先用卡扣专用拆卸工具拆卸发动机后部右侧底罩的固定塑料锁扣；然后取下发动机后部右侧底罩	
	8. 拆卸传动皮带	先用合适的套筒、接杆及棘轮扳手拧松发电机固定螺栓，再松开皮带张紧调节螺栓，最后将传动皮带拆下来	
三、安装传动皮带	1. 安装传动皮带	选用型号、参数与原厂一样的传动皮带，安装传动皮带	1）安装时要将传动皮带与槽对准 2）检查并确认传动皮带正确安装在楔形槽中 3）四个轮盘要在同一平面上
	2. 调节传动皮带张紧度	使用工具调整传动皮带张紧度调节螺栓，调整时使用皮带张紧力表卡住传动皮带测量其张紧力值，直到张紧力值符合标准。标准张紧力值为637～735N	
	3. 紧固发电机固定螺栓	选用扭力扳手（19N·m）和套筒（43N·m）紧固发电机固定螺栓	
	4. 检查传动皮带	使用皮带张紧力表卡住传动皮带测量其张紧力值，与维修手册中新皮带标准张紧标准值对比；着车5min停止发动机后再次检查传动皮带张紧力值，与维修手册中旧皮带标准张紧力值对比	
	5. 安装发动机后部右侧底罩	安装发动机后部右侧底罩，锁上固定锁扣	
	6. 安装轮胎	装上轮胎，对角旋紧轮胎固定螺母	不可使用气动工具安装轮胎
	7. 降下车辆按规定的力矩锁紧轮胎固定螺母	降下车辆，按厂家规定的力矩对角紧固轮胎固定螺母	
	8. 安装蓄电池负极电缆	先装上蓄电池负极电缆；再选用扳手拧紧蓄电池负极电缆的固定螺栓	
	9. 安装散热器上空气导流板及发动机盖罩	对准散热器上空气导流板安装位置，安装并锁上固定锁扣	
	10. 安装发动机盖罩	双手握住发动机盖罩并对正位置，依次按下前后端，安装后检查发动机盖罩是否卡紧	

检查与更换传动皮带评分表 表 2-14

操作人员:__________ 操作人员:__________ 日期:__________ 得分:__________

序号	项目名称	评分细则	分值	得分	原因
一	车上检查传动皮带(5分)	车上检查传动皮带(检查传动皮带是否有过度磨损、加强筋损坏、老化及皮带棱上有脱落、磨损)	5		
二	拆卸传动皮带(35分)	1. 关闭点火开关	2		
		2. 拆卸发动机盖罩	5		
		3. 拆卸散热器上空气导流板	3		
		4. 拆卸蓄电池负极电缆	2		
		5. 举升车辆	3		
		6. 拆卸右前车辆轮胎	10		
		7. 拆卸发动机后部右侧底罩	5		
		8. 拆卸传动皮带	5		
三	安装传动皮带(50分)	1. 安装传动皮带	3		
		2. 调节传动皮带张紧度	4		
		3. 紧固发电机固定螺栓	3		
		4. 检查传动皮带	5		
		5. 安装发动机后部右侧底罩	5		
		6. 安装轮胎	10		
		7. 降下车辆按规定力矩锁紧轮胎固定螺母	10		
		8. 安装蓄电池负极电缆	2		
		9. 安装散热器上空气导流板及发动机盖罩	3		
		10. 安装发动机盖罩	5		
四	7S清洁整理(10分)	1. 清洁工具(每次1分)	3		
		2. 恢复/整理工具(2分),扭力扳手归位(1分)	3		
		3. 操作中是否有物体落地或损坏(共4分,可倒扣)	4		
总分			100		

检查与更换传动皮带观察表 表 2-15

观察人员:__________ 操作人员:__________ 日期:__________

序号及内容	项目名称	观察记录	意见建议
一、车上检查传动皮带	车上检查传动皮带(检查传动皮带是否有过度磨损、加强筋损坏、老化及皮带棱上有脱落、磨损)		
二、拆卸传动皮带	1. 关闭点火开关		
	2. 拆卸发动机盖罩		
	3. 拆卸散热器上空气导流板		
	4. 拆卸蓄电池负极电缆		
	5. 举升车辆		

续上表

序号及内容	项 目 名 称	观察记录	意见建议
二、拆卸传动皮带	6. 拆卸右前车辆轮胎		
	7. 拆卸发动机后部右侧底罩		
	8. 拆卸传动皮带		
三、安装传动皮带	1. 安装传动皮带		
	2. 调节传动皮带张紧度		
	3. 紧固发电机固定螺栓		
	4. 检查传动皮带		
	5. 安装发动机后部右侧底罩		
	6. 安装轮胎		
	7. 降下车辆按规定力矩锁紧轮胎固定螺母		
	8. 安装蓄电池负极电缆		
	9. 安装散热器上空气导流板及发动机盖罩		
	10. 安装发动机盖罩		
四、7S 清洁整理	1. 清洁工具		
	2. 恢复/整理工具		
	3. 操作中是否有物体落地或损坏		
教师点评			

检查与更换传动皮带工艺单 表 2-16

操作人员:____________ 日期:____________

序号及内容	项 目 名 称	操作结果记录	操作数据记录
一、车上检查传动皮带	车上检查传动皮带(检查传动皮带是否有过度磨损、加强筋损坏、老化及皮带棱上有脱落、磨损)		
二、拆卸传动皮带	1. 关闭点火开关		
	2. 拆卸发动机盖罩		
	3. 拆卸散热器上空气导流板		
	4. 拆卸蓄电池负极电缆		
	5. 举升车辆		
	6. 拆卸右前车辆轮胎		
	7. 拆卸发动机后部右侧底罩		
	8. 拆卸传动皮带		
三、安装传动皮带	1. 安装传动皮带		
	2. 调节传动皮带张紧度		
	3. 紧固发电机固定螺栓		
	4. 检查传动皮带		
	5. 安装发动机后部右侧底罩		

续上表

序号及内容	项目名称	观察记录	意见建议
三、安装传动皮带	6. 安装轮胎		
	7. 降下车辆按规定力矩锁紧轮胎固定螺母		
	8. 安装蓄电池负极电缆		
	9. 安装散热器上空气导流板及发动机盖罩		
	10. 安装发动机盖罩		
四、7S 清洁整理	1. 清洁工具		
	2. 恢复/整理工具		
	3. 操作中是否有物体落地或损坏		
备注说明			

二、检查与更换气门油封(表 2-17 ~ 表 2-20)

检查与更换气门油封流程表　　表 2-17

操作人员:____________　　日期:____________

序号及内容	项目名称	技术说明	注意事项
一、拆卸气门弹簧	1. 用干净的木块将汽缸盖垫起	1)木块要清洁干净	检查木块是否平整,其上是否有脏污
		2)将汽缸盖放置到汽缸盖上,检查是否平稳	放置后用双手检查是否平稳,如不平稳应重新放置
	2. 取下气门杆盖	选用吸棒取下气门杆盖	取下后应放置在指定的容器中
	3. 检查气门拆装钳	用手检查气门拆装钳伸缩是否灵活	如转动不灵活,伸缩行程不够应修理或更换
	4. 用气门拆卸钳压下气门弹簧座,使气门锁片裸露		气门拆装钳安装要可靠
	5. 用吸棒取出两个气门锁片		
	6. 缓慢松开气门拆装钳,取下气门弹簧座圈和气门弹簧		
	7. 用吸棒取出气门弹簧座		气门锁片、气门弹簧座圈、气门弹簧、气门弹簧座取下后,按顺序摆放,防止丢失
二、取下气门	1. 将汽缸盖侧立放置在干净的木块上		
	2. 取下进、排气门并按顺序摆放		
三、拆卸气门油封	使用尖嘴钳依次拆下气门油封		

续上表

序号及内容	项目名称	技术说明	注意事项
四、检查气门油封	1. 确认新气门油封的零件号是否正确		
	2. 检查气门油封外观是否完好,弹簧是否锈蚀、脱落或丢失		
五、安装气门油封	1. 在新的气门油封上涂抹一薄层发动机机油		
	2. 将灰色油封装在进气门导管上,将黑色油封装在排气门导管上		
	3. 用气门油封安装工具(SST 09201-41020)将气门油封压入到位		
六、安装气门	1. 将汽缸盖燃烧室一侧向上放置在木块上		
	2. 用压缩空气清洁表面与气门导管		
	3. 在进、排气门的气门杆端处涂抹一薄层机油,按顺序装入气门导管		
七、安装气门弹簧部件	1. 翻转汽缸盖使燃烧室侧朝下		
	2. 按顺序放置气门弹簧座、气门弹簧、气门弹簧座圈		
	3. 用气门拆装钳压缩气门弹簧,使气门杆端部环槽裸露,装入两个锁片		
	4. 缓慢松开气门拆装钳,使两个锁片可靠落座		
	5. 用橡胶锤和铝棒对准气门锁片的位置进行敲击,检查气门锁片安装是否到位		
八、清洁整理工具	1. 清洁工具	清洁	
	2. 恢复/整理工具	工具整理,放置	
备注说明			

检查与更换气门油封评分表　　表 2-18

操作人员:____________　操作人员:____________　日期:____________　得分:____________

序号	项目名称	评分细则	分值	得分	原因
一	拆卸气门弹簧(14 分)	1. 用干净的木块将汽缸盖垫起	1		
		2. 取下气门杆盖(2 分),选用正确工具(1 分)	3		
		3. 检查气门拆装钳	1		
		4. 用气门拆卸钳压下气门弹簧座,使气门锁片裸露	2		
		5. 用吸棒取出两个气门锁片	2		
		6. 缓慢松开气门拆装钳,取下气门弹簧座圈和气门弹簧	3		
		7. 用吸棒取出气门弹簧座	2		
二	取下气门(5 分)	1. 将汽缸盖侧立放置在干净的木块上	2		
		2. 取下进、排气门并按顺序摆放	3		
三	拆卸气门油封(5 分)	使用尖嘴钳依次拆下气门油封	5		
四	检查气门油封(10 分)	1. 确认新气门油封的零件号是否正确	5		
		2. 检查气门油封外观是否完好,弹簧是否锈蚀、脱落或丢失	5		
五	安装气门油封(24 分)	1. 在新的气门油封上涂抹一薄层发动机机油	8		
		2. 将灰色油封装在进气门导管上,将黑色油封装在排气门导管上	8		
		3. 用气门油封安装工具(SST 09201-41020)将气门油封压入到位	8		
六	安装气门(13 分)	1. 将汽缸盖燃烧室一侧向上放置在木块上	2		
		2. 用压缩空气清洁表面与气门导管	3		
		3. 在进、排气门的气门杆端处涂抹一薄层机油,按顺序装入气门导管	8		
七	安装气门弹簧部件(19 分)	1. 翻转汽缸盖使燃烧室侧朝下	2		
		2. 按顺序放置气门弹簧座、气门弹簧、气门弹簧座圈	3		
		3. 用气门拆装钳压缩气门弹簧,使气门杆端部环槽裸露,装入两个锁片	6		
		4. 缓慢松开气门拆装钳,使两个锁片可靠落座	6		
		5. 用橡皮锤和铝棒对准气门锁片的位置进行敲击,检查气门锁片安装是否到位	2		
八	清洁整理工具(10 分)	1. 清洁工具,每次 1 分	3		
		2. 恢复/整理工具(2 分);扭力扳手归位(1 分)	3		
		3. 操作中是否有物体落地或损坏(共 4 分,可倒扣)	4		
总　分			100		

检查与更换气门油封观察表　　表2-19

观察人员:＿＿＿＿＿　　操作人员:＿＿＿＿＿　　日期:＿＿＿＿＿

序号及内容	项目名称	操作结果记录	操作数据记录
一、拆卸气门弹簧	1. 用干净的木块将汽缸盖垫起		
	2. 取下气门杆盖		
	3. 检查气门拆装钳		
	4. 用气门拆卸钳压下气门弹簧座,使气门锁片裸露		
	5. 用吸棒取出两个气门锁片		
	6. 缓慢松开气门拆装钳,取下气门弹簧座圈和气门弹簧		
	7. 用吸棒取出气门弹簧座		
二、取下气门	1. 将汽缸盖侧立放置在干净的木块上		
	2. 取下进、排气门并按顺序摆放		
三、拆卸气门油封	使用尖嘴钳依次拆下气门油封		
四、检查气门油封	1. 确认新气门油封的零件号是否正确		
	2. 检查气门油封外观是否完好,弹簧是否锈蚀、脱落或丢失		
五、安装气门油封	1. 在新的气门油封上涂抹一薄层发动机机油		
	2. 将灰色油封装在进气门导管上,将黑色油封装在排气门导管上		
	3. 用气门油封安装工具(SST 09201-41020)将气门油封压入到位		
六、安装气门	1. 将汽缸盖燃烧室一侧向上放置在木块上		
	2. 用压缩空气清洁表面与气门导管		
	3. 在进、排气门的气门杆端处涂抹一薄层机油,按顺序装入气门导管		
七、安装气门弹簧部件	1. 翻转汽缸盖使燃烧室侧朝下		
	2. 按顺序放置气门弹簧座、气门弹簧、气门弹簧座圈		
	3. 用气门拆装钳压缩气门弹簧,使气门杆端部环槽裸露,装入两个锁片		
	4. 缓慢松开气门拆装钳,使两个锁片可靠落座		
	5. 用橡胶锤和铝棒对准气门锁片的位置进行敲击,检查气门锁片安装是否到位		
八、清洁整理工具	1. 清洁工具		
	2. 恢复/整理工具		
教师点评			

检查与更换气门油封操作工艺单　　表 2-20

操作人员:＿＿＿＿＿＿　　日期:＿＿＿＿＿＿

序号及内容	项 目 名 称	操作结果记录	操作数据记录
一、拆卸气门弹簧	1. 用干净的木块将汽缸盖垫起		
	2. 取下气门杆盖		
	3. 检查气门拆装钳		
	4. 用气门拆卸钳压下气门弹簧座,使气门锁片裸露		
	5. 用吸棒取出两个气门锁片		
	6. 缓慢松开气门拆装钳,取下气门弹簧座圈和气门弹簧		
	7. 用吸棒取出气门弹簧座		
二、取下气门	1. 将汽缸盖侧立放置在干净的木块上		
	2. 取下进、排气门并按顺序摆放		
三、拆卸气门油封	使用尖嘴钳依次拆下气门油封		
四、检查气门油封	1. 确认新气门油封的零件号是否正确		
	2. 检查气门油封外观是否完好,弹簧是否锈蚀、脱落或丢失		
五、安装气门油封	1. 在新的气门油封上涂抹一薄层发动机机油		
	2. 将灰色油封装在进气门导管上,将黑色油封装在排气门导管上		
	3. 用气门油封安装工具(SST 09201-41020)将气门油封压入到位		
六、安装气门	1. 将汽缸盖燃烧室一侧向上放置在木块上		
	2. 用压缩空气清洁表面与气门导管		
	3. 在进、排气门的气门杆端处涂抹一薄层机油,按顺序装入气门导管		
七、安装气门弹簧部件	1. 翻转汽缸盖使燃烧室侧朝下		
	2. 按顺序放置气门弹簧座、气门弹簧、气门弹簧座圈		
	3. 用气门拆装钳压缩气门弹簧,使气门杆端部环槽裸露,装入两个锁片		
	4. 缓慢松开气门拆装钳,使两个锁片可靠落座		
	5. 用橡胶锤和铝棒对准气门锁片的位置进行敲击,检查气门锁片安装是否到位		
八、清洁整理工具	1. 清洁工具		
	2. 恢复/整理工具		
备注说明			

三、检查与调整气门间隙（表 2-21 ~ 表 2-24）

检查与调整气门间隙作业流程表 表 2-21

操作人员：__________ 日期：__________

序号及内容	项 目 名 称	技 术 说 明	注 意 事 项
一、前期准备	1. 安装三件套； 2. 拉起机舱盖释放杆； 3. 安装车轮挡块； 4. 打开发动机盖； 5. 安装翼子板布/安装前格栅布（参考）		
二、拆卸气门室盖分总成	1. 拆下高压线	1）断开蓄电池负极（参考）	高压线拔的时候要注意手要拿火花塞上端部，不要直接拉高压线
		2）拆下 4 个高压线，并将高压线移到合适位置	高压线拔时可能比较紧，边转动边拔，转动要轻
	2. 拆下通风阀软管	1）用左手捏紧夹箍，右手分离通风软管	在拔出通风软管时，不要用力过大，先轻轻转动，慢慢均匀用力拉出
		2）将通风软管移至适当位置	
	3. 拆卸气门室盖分总成	1）选择正确工具，拆下 4 个螺母，然后按顺序放好	拆下 4 个螺母的时候需分次拆
		2）取下 4 个密封垫，按顺序放在工具车上	取下气门室盖分总成，要慢慢将其分离取下
		3）取下气门室盖分总成，放到工具车上	注意气门室盖垫不要损坏
		4）取下气门室盖分总成垫	
三、检查气门间隙	1. 将 1 号汽缸定位在压缩冲程上止点	1）使用正确工具（套筒）顺着发动机运转方向转动曲轴皮带轮，将它的缺口与正时皮带轮罩的正时标记“0”对正。（正时记号对正）	（1）选择正确工具转动曲轴皮带轮 （2）在转动曲轴皮带轮时，用力要均匀 （3）转动方向要注意，顺时针
		2）检查凸轮轴正时皮带轮的“K”标记与轴承盖的正时标记对正。（必要时确认下用销对上）	如果没对准，转动曲轴一圈（360°），不允许倒转
	2. 第一次检查气门间隙	1）使用厚薄规测量气门挺杆和凸轮轴之间的间隙	厚薄规的使用方法（参考）
		2）在此时 1 缸处于压缩上止点时，可测量 1 缸进、排门，2 缸进气门，3 缸排气门	在用厚薄规测量气门门隙时要注意正确选择厚薄规的规格
		3）记录超出标准的间隙值，以便调整垫片时使用。标准气门间隙：进气 0.15 ~ 0.25mm（0.006 ~ 0.010in.）；排气 0.25 ~ 0.35mm（0.010 ~ 0.014 in.）	在数据记录时，要注意进排气门不要搞错，要注意记录的位置和数据单位

续上表

序号及内容	项目名称	技术说明	注意事项
三、检查气门间隙	3. 再转动曲轴一圈(360°)	再转动曲轴皮带轮一圈(360°),将它的缺口与1号正时皮带轮罩的正时标记“0”对正	(1)选择正确工具转动曲轴皮带轮
			(2)在转动曲轴皮带轮时,用力要均匀
			(3)如果没对准,转动曲轴两圈(720°),注意一定不要逆时针转动曲轴
	4. 第二次检查气门间隙(测量上次未调气门)	1)使用厚薄规测量气门挺杆和凸轮轴之间的间隙	厚薄规的使用方法(参考)
		2)在此时处于4缸压缩上止点时,可测量2缸排气门,3缸进气门,4缸进、排气门;	在用厚薄规测量气门间隙时要注意正确选择厚薄规的规格
		3)记录超出标准的间隙值,这些值在以后考虑更换调整垫片时使用。标准气门间隙:进气0.15~0.25mm(0.006~0.010in.)排气0.25~0.35mm(0.010~0.014in.)	在数据记录时,要注意进排气门不要搞错,要注意记录的位置和数据单位;
四、调整气门间隙	1. 拆下调整垫片	1)转动曲轴,把需要调节气门间隙所对应的凸轮桃尖朝上	SST 09248-55050(09248-05510,09248-05520)
		2)使气门挺杆上部的缺口朝向排气歧管一侧	使用带标记“11”SST(B)的一侧
		3)使用SST(A),压下气门挺杆,在凸轮轴和气门挺杆之间放置SST(B),拆下SST(A)	在用小螺丝刀时要小心
		4)用一个小起子和磁棒拆下调整垫片	
	2. 测量调整垫片厚度	1)使用千分尺,测量拆下的垫片厚度	千分尺的正确使用方法清洁、校零、测量、校零、清洁归位等(参考)
		2)记录测量数据	测量时要正确地选择调整垫片的测量部位
	3. 计算新调整垫片的厚度	1)计算新垫片的厚度。T——拆下调整垫片的厚度;A——测量的气门间隙;N——新调整垫片的厚度 进气:$N = T + (A - 0.20\text{mm}$ $(0.008\text{in.}))$ 排气:$N = T + (A - 0.30\text{mm}$ $(0.012\text{in.}))$	在计算时要注意数据的精度
		2)计算新垫片的厚度	进、排气门的数据不要搞错

续上表

序号及内容	项目名称	技术说明	注意事项
四、调整气门间隙	4. 选择新的调整垫片	1)计算出来的新的调整垫片的厚度,选择一个厚度尽可能接近计算值的新垫片	调整垫片的厚度从 2.55mm(0.1004in.)到 3.30mm(0.1299in.)之间有 16 级尺寸,每级增加 0.05mm(0.0020in.)
		2)根据拆下调整垫片的厚度和测量的气门间隙利用表格来确定新调整垫片厚度	
	5. 安装新的调整垫片	1)使用正确工具将新垫片放入凸轮轴和气门挺杆之间的液压挺柱座上	(1)注意新垫片有没有毛刺和碰伤,在安装时要小心
			(2)注意垫片的安装方向,带字面朝下
		2)安装完成后,取下 SST(B)	使用正确的方法取下 SST(B)
	6. 检查气门间隙	(参考三、检查气门间隙)	
五、安装气门室盖分总成	1. 安装气门室盖分总成	1)清除所有旧密封填料(FIPG)	使用正确的工具清除密封填料
		2)按图所示在汽缸盖上涂新密封填料,注意涂抹方法	密封填料:零件号 08826-00080 或类似品
		3)安装气门室盖垫	使用前检查垫圈和螺母是否完好
		4)安装 4 个密封垫圈	
		5)交替逐次拧紧 4 个螺母安装气门室盖。 标准力矩:7.8N·m(80kgf·cm,69lbf·ft)	
	2. 安装通风阀软管(参考)	安装通风阀软管	先将通风软管连接上,然后再将夹箍夹紧
	3. 安装高压线	1)安装好 4 个高压线	要按规定的位置的顺序安装高压线
		2)连接蓄电池负极(参考)	要安装时不要捏在高压线的线上安装
六、清洁整理工具	1. 清洁工具	清洁	
	2. 恢复/整理工具	拆除三件套、翼子板布;拆除前格栅布;关闭发动机舱盖;拆除挡块,厚薄规复位	
备注			

检查与调整气门间隙评分表　　　　表 2-22

操作人员:___________　操作人员:___________　日期:___________　得分:___________

序号	项目名称	评分细则	分值	得分	原因
一	前期准备(5 分)	1. 安装三件套	1		
		2. 拉起机舱盖释放杆	1		
		3. 安装车轮挡块	1		
		4. 打开发动机盖方法	1		
		5. 安装翼子板布/安装前格栅布	1		
二	拆卸气门室盖分总成(15 分)	1. 断开蓄电池负极(1 分),拆高压线(4 分);放位置正确(1 分)	6		
		2. 拆下通风阀软管(1 分);放位置正确(1 分)	2		
		3. 拆卸气门室盖分总成,选用正确工具拆下螺母(2 分);取下 4 个密封垫(2 分);取下气门室盖分总成(1 分);取下气门室盖分总成(1 分);摆放正确(1 分)	7		
三	检查气门间隙(25 分)	1. 将 1 号汽缸定位在压缩冲程上止点,使用正确工具(1 分),正时标记“0”对正(3 分);凸轮轴正时皮带轮的“K”标记与轴承盖的正时标记对正(3 分)	7		
		2. 第一次检查气门间隙,厚薄规选用使用正确(1 分);测量位置正确(4 分);数据记录(2 分)	7		
		3. 再转动曲轴一圈(360°)(1 分);缺口与 1 号正时皮带轮罩的正时标记“0”对正(3 分)	4		
		4. 第二次检查气门间隙(测量上次未调气门)厚薄规选用使用正确(1 分);测量位置正确(4 分);数据记录(2 分)	7		
四	调整气门间隙(30 分)	1. 拆下调整垫片,凸轮桃尖朝上(1 分);使气门挺杆上部的缺口朝向排气歧管一侧(1 分);使用 SST 操作(2 分);拆下调整垫片(1 分)	5		
		2. 测量调整垫片厚度(1 分);记录数据(1 分)	2		
		3. 计算新调整垫片的厚度,计算方法、结果正确	6		
		4. 选择新的调整垫片,选择性方法,结果正确	6		
		5. 安装新的调整垫片,选用正确工具和 SST	4		
		6. 检查气门间隙(参考三、检查气门间隙)	7		
五	安装气门室盖分总成(15 分)	1. 安装气门室盖分总成,清除所有旧密封填料(FIPG)(2 分);涂新密封填料(2 分);安装气门室盖垫(1 分);安装 4 个密封垫圈(1 分);交替逐次拧紧 4 个螺母安装气门室盖(2 分)	8		
		2. 安装通风阀软管(参考)	2		
		3. 安装高压线(3 分);连接蓄电池负极(2 分)	5		

续上表

序号	项目名称	评分细则	分值	得分	原因
六	清洁整理工具(10分)	1.清洁工具,每次未清洁扣1分	5		
		2.恢复/整理工具拆除三件套、翼子板布;拆除前格栅布;关闭发动机舱盖;拆除挡块,厚薄规复位	5		
总分			100		

检查与调整气门间隙观察表

表2-23

观察人员:____________ 操作人员:____________ 日期:____________

序号及内容	项目名称	观察记录	意见建议
一、前期准备	1.安装三件套		
	2.拉起机舱盖释放杆		
	3.安装车轮挡块		
	4.打开发动机盖		
	5.安装翼子板布;安装前格栅布		
二、拆卸气门室盖分总成	1.拆下高压线		
	2.拆下通风阀软管		
	3.拆卸气门室盖分总成		
三、检查气门间隙	1.将1号汽缸定位在压缩冲程上止点		
	2.第一次检查气门间隙		
	3.再转动曲轴一圈(360°)		
	4.第二次检查气门间隙(测量上次未调气门)		
四、调整气门间隙	1.拆下调整垫片		
	2.测量调整垫片厚度		
	3.计算新调整垫片的厚度		
	4.选择新的调整垫片		
	5.安装新的调整垫片		
	6.检查气门间隙(参考三、检查气门间隙)		
五、安装气门室盖分总成	1.安装气门室盖分总成		
	2.安装通风阀软管(参考)		
	3.安装高压线		
六、清洁整理工具	1.清洁工具		
	2.恢复/整理工具拆除三件套、翼子板布;拆除前格栅布;关闭发动机舱盖;拆除挡块,厚薄规复位		
教师点评			

检查与调整气门间隙工艺单 表 2-24

操作人员:____________ 日期:____________

<table>
<tr><th>序号及内容</th><th>项 目 名 称</th><th>操作结果记录</th><th>操作数据记录</th></tr>
<tr><td rowspan="5">一、前期准备</td><td>1. 安装三件套</td><td></td><td></td></tr>
<tr><td>2. 拉起机舱盖释放杆</td><td></td><td></td></tr>
<tr><td>3. 安装车轮挡块</td><td></td><td></td></tr>
<tr><td>4. 打开发动机盖</td><td></td><td></td></tr>
<tr><td>5. 安装翼子板布;安装前格栅布</td><td></td><td></td></tr>
<tr><td rowspan="3">二、拆卸气门室盖分总成</td><td>1. 拆下高压线</td><td></td><td></td></tr>
<tr><td>2. 拆下通风阀软管</td><td></td><td></td></tr>
<tr><td>3. 拆卸气门室盖分总成</td><td></td><td></td></tr>
<tr><td rowspan="4">三、检查气门间隙</td><td>1. 将 1 号汽缸定位在压缩冲程上止点</td><td></td><td></td></tr>
<tr><td>2. 第一次检查气门间隙</td><td></td><td></td></tr>
<tr><td>3. 再转动曲轴一圈 (360°)</td><td></td><td></td></tr>
<tr><td>4. 第二次检查气门间隙(测量上次未调气门)</td><td></td><td></td></tr>
<tr><td rowspan="6">四、调整气门间隙</td><td>1. 拆下调整垫片</td><td></td><td></td></tr>
<tr><td>2. 测量调整垫片厚度</td><td></td><td></td></tr>
<tr><td>3. 计算新调整垫片的厚度</td><td></td><td></td></tr>
<tr><td>4. 选择新的调整垫片</td><td></td><td></td></tr>
<tr><td>5. 安装新的调整垫片</td><td></td><td></td></tr>
<tr><td>6. 检查气门间隙(参考三、检查气门间隙)</td><td></td><td></td></tr>
<tr><td rowspan="3">五、安装气门室盖分总成</td><td>1. 安装气门室盖分总成</td><td></td><td></td></tr>
<tr><td>2. 安装通风阀软管(参考)</td><td></td><td></td></tr>
<tr><td>3. 安装高压线</td><td></td><td></td></tr>
<tr><td rowspan="2">六、清洁整理工具</td><td>1. 清洁工具</td><td></td><td></td></tr>
<tr><td>2. 恢复/整理工具拆除三件套、翼子板布;拆除前格栅布;关闭发动机舱盖;拆除挡块,厚薄规复位</td><td></td><td></td></tr>
<tr><td>备注说明</td><td colspan="3"></td></tr>
</table>

四、安装凸轮轴（表2-25～表2-28）

安装凸轮轴作业流程表

表2-25

操作人员：___________　　　　日期：___________

序　号	项目名称	技术说明	注意事项
一	安装凸轮轴轴承	1.工具的选用	
		2.使用清洁布清洁进气、排气凸轮轴轴承座	
		3.使用柴油清洁进气、排气凸轮轴轴承的双表面	轴承座及凸轮轴的轴承上的杂质应完全清洁，否则会划伤凸轮轴轴颈
		4.使用压缩空气吹净进气、排气凸轮轴双表面上的柴油及其他杂质	禁止将压缩空气吹向人体，特别是眼睛部位
		5.用手分别将进气、排气凸轮轴下轴承安装到对应轴承座上	安装时确保油孔的定中位置
		6.用手分别将进气、排气凸轮轴上轴承安装到对应的轴承盖上	
		7.用游标卡尺测量进气凸轮轴轴承盖边缘和凸轮轴轴承边缘间的距离（A、B两个距离）	进气凸轮轴轴承盖边缘和凸轮轴轴承边缘间的距离（A、B）为0.7mm或更小，以确保轴承固定至轴承盖中心
		8.用游标卡尺测量排气凸轮轴轴承盖边缘和凸轮轴轴承边缘间的距离	排气凸轮轴轴承盖边缘和凸轮轴轴承边缘间的距离（A）为1.05～1.75mm，以确保轴承固定至轴承盖中心
二	安装凸轮轴	1.工具的选用	
		2.清洁进气、排气凸轮轴，并疏通、清洁凸轮轴的油道	凸轮轴轴颈和凸轮表面的杂质应完全清洁，否则会划伤凸轮轴轴颈
		3.用压缩空气清洁进气、排气凸轮轴轴颈表面	禁止将压缩空气吹向眼睛部位
		4.在凸轮轴轴颈、凸轮轴壳上涂抹一薄层发动机机油	在凸轮轴轴颈、凸轮轴壳上涂抹一薄层发动机机油的目的是改善发动机起动前配合副之间的润滑条件
		5.将进气、排气凸轮轴安装到对应的位置	
三	安装凸轮轴轴承盖	1.工具的选用	
		2.在凸轮轴轴承盖上涂抹一层薄发动机机油	在凸轮轴轴承盖上涂抹薄层发动机机油的目的是改善发动机起动前配合副之间的润滑条件
		3.确认各凸轮轴轴承盖上的标记和号码，并将其置于正确的位置和方向	凸轮轴轴承盖必须按正确的位置和方向安装

续上表

序　号	项目名称	技术说明	注意事项
三	安装凸轮轴轴承盖	4. 检查凸轮轴的锁销是否安装到位	
		5. 使用正确的工具按规定的顺序分两次拧紧凸轮轴轴承盖螺栓	凸轮轴轴承盖固定螺栓的拧紧力矩为16N·m; 螺纹及螺栓头部结合面涂抹一薄层机油
四	安装凸轮轴壳分总成	1. 工具的选用	
		2. 检查气门摇臂是否安装到位	若检查后发现气门摇臂的位置不正确应调整过来
		3. 在汽缸盖上连续涂抹丰田原厂黑密封胶	1)涂抹密封胶之前应清除接触面的所有机油
			2)密封胶的密封直径为3.5~4mm
			3)在涂抹密封胶后3min内安装凸轮轴壳分总成
		4. 安装凸轮轴壳	如果在安装过程中任何螺栓松动,则拆下凸轮轴壳、清洁安装表面并重新涂抹密封胶
		5. 使用正确的工具按规定的顺序分3次拧紧凸轮轴壳上的17个螺栓	凸轮轴壳上的17个螺栓的拧紧力矩为27N·m
		6. 安装凸轮轴壳后,确保凸轮凸角在正确位置	1)安装凸轮轴壳后,擦去凸轮轴壳和汽缸盖之间渗出的密封
			2)安装后至少2h内不要起动发动机
五	安装进气凸轮轴正时齿轮总成	1. 检查并确认锁销已安装在进气凸轮轴上	
		2. 将进气凸轮轴正时齿轮和凸轮轴放置在一起,并使直销和键槽不对准	
		3. 将进气凸轮轴正时齿轮轻轻推向凸轮轴的同时,按规定方向旋转凸轮轴正时齿轮,将齿轮销进一步推入键槽中	切勿用力推入凸轮轴正时齿轮总成,这样可能导致凸轮轴锁销端部损坏凸轮轴正时齿轮总成的安装表面
		4. 使用正确的量具测量齿轮和凸轮轴间的间隙	齿轮和凸轮轴间的标准间隙为0.1~0.4mm
		5. 使用正确的工具将凸轮轴正时齿轮固定,同时用正确的工具分两次拧紧紧固凸缘螺栓	正时齿轮凸缘螺栓标准力矩为54N·m
		6. 检查并确认凸轮轴正时齿轮可以朝延迟方向(顺时针)转动,并锁止在最大延迟位置	不要使凸轮轴正时齿轮朝延迟方向(顺时针)转动

续上表

序　号	项目名称	技术说明	注意事项
六	安装排气凸轮轴正时齿轮总成	1. 检查并确认锁销已安装在排气凸轮轴上	
		2. 对准键槽和直销,然后将排气凸轮轴正时齿轮和凸轮轴连接起来	
		3. 用手将齿轮轻轻地压在凸轮轴上并转动齿轮,使齿轮销进一步推入键槽中	用手将齿压在凸轮轴上并转动齿轮时不要使排气凸轮轴正时齿轮朝延迟方向(顺时针)转动
		4. 检查并确认齿轮凸缘和凸轮轴间没有间隙	
		5. 使用正确的工具将排气凸轮轴正时齿轮固定住,同时用正确的工具分两次拧紧凸缘螺栓	排气凸轮轴正时齿轮凸缘螺栓的标准力矩为54N·m
		6. 检查排气凸轮轴正时齿轮的锁止情况	确保排气凸轮轴正时齿轮已锁止,否则应再次检查齿轮凸缘和凸轮轴间是否有间隙
备注			

安装凸轮轴评分表　　表2-26

操作人员:________ 操作人员:________ 日期:________ 得分:________

序号	项目名称	评分细则	分值	得分	原因
一	安装凸轮轴轴承(15分)	1. 工具的选用	1		
		2. 使用清洁布清洁进气、排气凸轮轴轴承座	2		
		3. 使用柴油清洁进气、排气凸轮轴轴承的双表面	2		
		4. 使用压缩空气吹净进气、排气凸轮轴双表面上的柴油及其他杂质	2		
		5. 用手分别将进气、排气凸轮轴下轴承安装到对应轴承座上	2		
		6. 用手分别将进气、排气凸轮轴上轴承安装到对应的轴承盖上	2		
		7. 用游标卡尺测量进气凸轮轴轴承盖边缘和凸轮轴轴承边缘间的距离(*A*、*B*两个距离)	2		
		8. 用游标卡尺测量排气凸轮轴轴承盖边缘和凸轮轴轴承边缘间的距离(*A*一个距离)	2		

续上表

序号	项 目 名 称	评 分 细 则	分值	得分	原因
二	安装凸轮轴(10 分)	1. 工具的选用	1		
		2. 清洁进气、排气凸轮轴,并疏通、清洁凸轮轴的油道	2		
		3. 用压缩空气清洁进气、排气凸轮轴轴颈表面	2		
		4. 在凸轮轴轴颈、凸轮轴壳上涂抹一薄层发动机机油	3		
		5. 将进气、排气凸轮轴安装到对应的位置	2		
三	安装凸轮轴轴承盖(15 分)	1. 工具的选用	1		
		2. 在凸轮轴轴承盖上涂抹一薄层发动机机油	3		
		3. 确认各凸轮轴轴承盖上的标记和号码,并将其置于正确的位置和方向	5		
		4. 检查凸轮轴的锁销是否安装到位	2		
		5. 使用正确的工具按规定的顺序分两次拧紧凸轮轴轴承盖螺栓	4		
四	安装凸轮轴壳分总成(20 分)	1. 工具的选用	1		
		2. 检查气门摇臂是否安装到位	3		
		3. 在汽缸盖上连续涂抹丰田原厂黑密封胶	6		
		4. 安装凸轮轴壳	3		
		5. 使用正确的工具按规定的顺序分 3 次拧紧凸轮轴壳上的 17 个螺栓	4		
		6. 安装凸轮轴壳后,确保凸轮凸角在正确位置	3		
五	安装进气凸轮轴正时齿轮总成(20 分)	1. 检查并确认锁销已安装在进气凸轮轴上	3		
		2. 将进气凸轮轴正时齿轮和凸轮轴放置在一起,并使直销和键槽不对准	2		
		3. 将进气凸轮轴正时齿轮轻轻推向凸轮轴的同时,按规定方向旋转凸轮轴正时齿轮,将齿轮销进一步推入键槽中	5		
		4. 使用正确的量具测量齿轮和凸轮轴间的间隙	3		
		5. 使用正确的工具将凸轮轴正时齿轮固定,同时用正确的工具分两次拧紧紧固凸缘螺栓	4		
		6. 检查并确认凸轮轴正时齿轮可以朝延迟方向(顺时针)转动,并锁止在最大延迟位置	3		
六	安装排气凸轮轴正时齿轮总成(20 分)	1. 检查并确认锁销已安装在排气凸轮轴上	3		
		2. 对准键槽和直销,然后将排气凸轮轴正时齿轮和凸轮轴连接起来	2		
		3. 用手将齿轮轻轻地压在凸轮轴上并转动齿轮,使齿轮销进一步推入键槽中	2		
		4. 检查并确认齿轮凸缘和凸轮轴间没有间隙	4		
		5. 使用正确的工具将排气凸轮轴正时齿轮固定住,同时用正确的工具分两次拧紧凸缘螺栓	5		
		6. 检查排气凸轮轴正时齿轮的锁止情况	4		

安装凸轮轴观察表

表 2-27

观察人员:__________ 操作人员:__________ 日期:__________

序号及内容	项目名称	观察记录	意见建议
一、安装凸轮轴轴承	1. 工具的选用		
	2. 使用清洁布清洁进气、排气凸轮轴轴承座		
	3. 使用柴油清洁进气、排气凸轮轴轴承的双表面		
	4. 使用压缩空气吹净进气、排气凸轮轴双表面上的柴油及其他杂质		
	5. 用手分别将进气、排气凸轮轴下轴承安装到对应轴承座上		
	6. 用手分别将进气、排气凸轮轴上轴承安装到对应的轴承盖上		
	7. 用游标卡尺测量进气凸轮轴轴承盖边缘和凸轮轴轴承边缘间的距离(A、B 两个距离)		
	8. 用游标卡尺测量排气凸轮轴轴承盖边缘和凸轮轴轴承边缘间的距离		
二、安装凸轮轴	1. 工具的选用		
	2. 清洁进气、排气凸轮轴,并疏通、清洁凸轮轴的油道		
	3. 用压缩空气清洁进气、排气凸轮轴轴颈表面		
	4. 在凸轮轴轴颈、凸轮轴壳上涂抹一薄层发动机机油		
	5. 将进气、排气凸轮轴安装到对应的位置		
三、安装凸轮轴轴承盖	1. 工具的选用		
	2. 在凸轮轴轴承盖上涂抹一薄层发动机机油		
	3. 确认各凸轮轴轴承盖上的标记和号码,并将其置于正确的位置和方向		
	4. 检查凸轮轴的锁销是否安装到位		
	5. 使用正确的工具按规定的顺序分两次拧紧凸轮轴轴承盖螺栓		
四、安装凸轮轴壳分总成	1. 工具的选用		
	2. 检查气门摇臂是否安装到位		
	3. 在汽缸盖上连续涂抹丰田原厂黑密封胶		
	4. 安装凸轮轴壳		
	5. 使用正确的工具按规定的顺序分 3 次拧紧凸轮轴壳上的 17 个螺栓		
	6. 安装凸轮轴壳后,确保凸轮凸角在正确位置		

续上表

序号内容	项 目 名 称	观察记录	意见建议
五、安装进气凸轮轴正时齿轮总成	1. 检查并确认锁销已安装在进气凸轮轴上		
	2. 将进气凸轮轴正时齿轮和凸轮轴放置在一起，并使直销和键槽不对准		
	3. 将进气凸轮轴正时齿轮轻轻推向凸轮轴的同时，按规定方向旋转凸轮轴正时齿轮，将齿轮销进一步推入键槽中		
	4. 使用正确的量具测量齿轮和凸轮轴间的间隙		
	5. 使用正确的工具将凸轮轴正时齿轮固定，同时用正确的工具分两次拧紧紧固凸缘螺栓		
	6. 检查并确认凸轮轴正时齿轮可以朝延迟方向（顺时针）转动，并锁止在最大延迟位置		
六、安装排气凸轮轴正时齿轮总成	1. 检查并确认锁销已安装在排气凸轮轴上		
	2. 对准键槽和直销，然后将排气凸轮轴正时齿轮和凸轮轴连接起来		
	3. 用手将齿轮轻轻地压在凸轮轴上并转动齿轮，使齿轮销进一步推入键槽中		
	4. 检查并确认齿轮凸缘和凸轮轴间没有间隙		
	5. 使用正确的工具将排气凸轮轴正时齿轮固定住，同时用正确的工具分两次拧紧凸缘螺栓		
	6. 检查排气凸轮轴正时齿轮的锁止情况		
教师点评			

安装凸轮轴操作工艺单　　表 2-28

操作人员：____________　　日期：____________

序号及内容	项 目 名 称	操作结果记录	操作数据记录
一、安装凸轮轴轴承	1. 工具的选用		
	2. 使用清洁布清洁进气、排气凸轮轴轴承座		
	3. 使用柴油清洁进气、排气凸轮轴轴承的双表面		
	4. 使用压缩空气吹净进气、排气凸轮轴双表面上的柴油及其他杂质		
	5. 用手分别将进气、排气凸轮轴下轴承安装到对应轴承座上		
	6. 用手分别将进气、排气凸轮轴上轴承安装到对应的轴承盖上		
	7. 用游标卡尺测量进气凸轮轴轴承盖边缘和凸轮轴轴承边缘间的距离（A、B 两个距离）		
	8. 用游标卡尺测量排气凸轮轴轴承盖边缘和凸轮轴轴承边缘间的距离		

续上表

序号及内容	项目名称	操作结果记录	操作数据记录
二、安装凸轮轴	1. 工具的选用		
	2. 清洁进气、排气凸轮轴，并疏通、清洁凸轮轴的油道		
	3. 用压缩空气清洁进气、排气凸轮轴轴颈表面		
	4. 在凸轮轴轴颈、凸轮轴壳上涂抹一薄层发动机机油		
	5. 将进气、排气凸轮轴安装到对应的位置		
三、安装凸轮轴轴承盖	1. 工具的选用		
	2. 在凸轮轴轴承盖上涂抹一薄层发动机机油		
	3. 确认各凸轮轴轴承盖上的标记和号码，并将其置于正确的位置和方向		
	4. 检查凸轮轴的锁销是否安装到位		
	5. 使用正确的工具按规定的顺序分两次拧紧凸轮轴轴承盖螺栓		
四、安装凸轮轴壳分总成	1. 工具的选用		
	2. 检查气门摇臂是否安装到位		
	3. 在汽缸盖上连续涂抹丰田原厂黑密封胶		
	4. 安装凸轮轴壳		
	5. 使用正确的工具按规定的顺序分 3 次拧紧凸轮轴壳上的 17 个螺栓		
	6. 安装凸轮轴壳后，确保凸轮凸角在正确位置		
五、安装进气凸轮轴正时齿轮总成	1. 检查并确认锁销已安装在进气凸轮轴上		
	2. 将进气凸轮轴正时齿轮和凸轮轴放置在一起，并使直销和键槽不对准		
	3. 将进气凸轮轴正时齿轮轻轻推向凸轮轴的同时，按规定方向旋转凸轮轴正时齿轮，将齿轮销进一步推入键槽中		
	4. 使用正确的量具测量齿轮和凸轮轴间的间隙		
	5. 使用正确的工具将凸轮轴正时齿轮固定，同时用正确的工具分两次拧紧紧固凸缘螺栓		
	6. 检查并确认凸轮轴正时齿轮可以朝延迟方向（顺时针）转动，并锁止在最大延迟位置		
六、安装排气凸轮轴正时齿轮总成	1. 检查并确认锁销已安装在排气凸轮轴上		
	2. 对准键槽和直销，然后将排气凸轮轴正时齿轮和凸轮轴连接起来		
	3. 用手将齿轮轻轻地压在凸轮轴上并转动齿轮，使齿轮销进一步推入键槽中		
	4. 检查并确认齿轮凸缘和凸轮轴间没有间隙		
	5. 使用正确的工具将排气凸轮轴正时齿轮固定住，同时用正确的工具分两次拧紧凸缘螺栓		
	6. 检查排气凸轮轴正时齿轮的锁止情况		
备注说明			

五、更换正时链条、调整或更换正时介轮(表2-29~表2-32)

更换正时链条、调整或更换正时介轮作业流程表　　表2-29

操作人员:____________　　日期:____________

序号及内容	项 目 名 称	技 术 说 明	注 意 事 项
一、拆卸正时链条盖前端部件	1. 将1号汽缸设置到TDC/压缩位置	1)使用17mm套筒、棘轮扳手顺时针转动曲轴皮带轮,使曲轴皮带轮上的凹槽与正时链条盖上的正时标记“0”对准	如果各标记没有对准,则继续顺时针转动曲轴1圈,使上述正时标记对准
		2)检查凸轮轴正时齿轮和链轮上的各正时标记是否对准	
		3)检查凸轮轴正时齿轮和位于1号、2号轴承盖上的各正时标记是否对准	
	2. 拆卸曲轴皮带轮	1)用专用工具固定曲轴皮带轮	防止因专用工具的螺栓过长顶坏正时链条盖分总成
		2)用17mm套筒拆下曲轴皮带轮固定螺栓	
		3)用专用工具拉下皮带轮	
	3. 拆卸正时链条盖油封	1)用刀子切掉油封唇口	使用刀子切掉油封唇口时要注意手的防护
		2)用头部缠有胶带的螺丝刀撬出油封	(1)用头部缠有胶带的螺丝刀撬出油封时要防止损坏油封
			(2)操作时不要损伤曲轴轴颈表面
	4. 拆卸1号链条张紧器总成	正确使用工具拆下1号链条张紧器总成两个螺母、托架、张紧器和衬垫	不要在不使用链条张紧器的情况下转动曲轴
	5. 拆卸正时链条盖分总成	1)使用(托顶、橡胶垫)支撑发动机下部油底壳前端	
		2)正确使用工具拆下发动机悬置支架螺栓,并取下发动机悬置支架	
		3)正确使用工具拆下机油滤清器支架固定螺栓,并取下机油滤清器支架	
		4)用手取下机油滤清器的两个“O”形圈	
		5)正确使用工具按手册规定顺序拆下正时链条盖分总成的固定螺栓	

续上表

序号及内容	项目名称	技术说明	注意事项
一、拆卸正时链条盖前端部件	5.拆卸正时链条盖分总成	6)用螺丝刀撬动正时链条盖和汽缸盖或汽缸体之间的部位，拆下正时链条盖	(1)在撬动正时链条盖和汽缸盖或汽缸体时，注意不要损坏正时链条盖、汽缸体和汽缸盖的接触面 (2)在使用螺丝刀撬动之前，请在螺丝刀头部缠上胶带，也可使用树脂螺丝刀
		7)正确使用工具拆下3个“O”形圈	
		8)正确使用工具拆下水泵固定螺栓，并取下水泵和衬垫	
	6.拆卸链条张紧器导板和1号、2号链条振动阻尼器	1)正确使用工具拆下链条张紧器导板	
		2)正确使用工具分别拆下1号、2号链条振动阻尼器固定螺栓，并取下链条振动阻尼器	
二、拆卸链条分总成	拆卸链条分总成	1)正确使用工具固定进气凸轮轴的六角部分，并逆时针旋转凸轮轴正时齿轮总成，以松弛凸轮轴正时齿轮之间的链条	确保链条从链轮上完全松开
		2)在链条松弛后，将链条从凸轮轴正时齿轮总成上取下，然后将其搭放在凸轮轴正时齿轮前端	
		3)顺时针转动进气凸轮轴，使其回到原来位置，并拆下链条	
三、安装链条振动阻尼器	1.安装1号链条振动阻尼器	1)检查确认1号链条振动阻尼器的零件号是否正确	
		2)正确使用工具旋入1号链条振动阻尼器固定螺栓	
		3)正确使用工具拧紧1号链条振动阻尼器固定螺栓	1号链条振动阻尼器的标准力矩是21N·m
	2.安装2号链条振动阻尼器	1)检查确认2号链条振动阻尼器的零件号是否正确	
		2)正确使用工具旋入2号链条振动阻尼器固定螺栓	
		3)正确使用工具拧紧2号链条振动阻尼器固定螺栓	2号链条振动阻尼器的标准力矩是10N·m

续上表

序号及内容	项目名称	技术说明	注意事项
四、安装链条分总成及附件	1. 检查1号汽缸TDC/压缩	1)正确使用工具暂时紧固曲轴皮带轮螺栓	正时齿轮键处于顶部垂直向上位置
		2)正确使用工具逆时针转动曲轴，以使正时齿轮键处于顶部	拆下曲轴皮带轮螺栓后再次确认键的位置
		3)正确使用工具拆下曲轴皮带轮螺栓	
		4)分别检查进、排气凸轮轴正时齿轮上的正时标记	
	2. 安装链条	1)将链节上的标记板(橙色)和正时齿轮上的标记对准	(1)确保链节上的标记板朝向发动机前侧
			(2)注意:凸轮轴侧的标记板为橙色,曲轴侧的标记板为黄色
		2)将链条绕在链轮上	
		3)将链条放在曲轴上,但不要使其缠绕在曲轴周围	(1)不要使链条缠绕在凸轮轴正时齿轮总成的链轮周围,只可将其放置在链轮上
			(2)链条要穿过1号振动阻尼器
		4)正确使用工具固定住排气凸轮轴的六角部分,并逆时针旋转进气凸轮轴正时齿轮总成,使链节上的标记板(橙色)和正时齿轮上的标记对准	为了张紧链条,要缓慢地顺时针旋转凸轮轴正时齿轮总成,防止链条错位
		5)正确使用工具固定住进气凸轮轴的六角部分,并顺时针旋转进气凸轮轴正时齿轮总成	
		6)将链节上的标记板(黄色)和曲轴正时齿轮上的标记对准并安装到位	检查正时标记时,若发现标记错位应重新安装正时链条
		7)使用17mm套筒旋转曲轴两圈,确认每个正时标记对准	
	3. 安装链条张紧器导板	1)检查确认链条张紧器导板的零件号是否正确	
		2)正确使用工具安装链条张紧器导板	
	4. 安装正时链条盖油封	1)检查确认正时链条盖油封的零件号是否正确	
		2)用专用工具敲入一个新油封,直到其表面与正时齿轮箱边缘齐平	(1)不要损伤油封唇口
			(2)不要斜敲油封
			(3)安装油封时,确保油封边缘不伸出正时链条盖内侧表面
		3)在油封唇口上涂抹一薄层润滑脂	

续上表

序号及内容	项目名称	技术说明	注意事项
五、安装正时链条盖分总成	1. 安装正时链条盖分总成	1)清除所有旧的填料(FIPG)	(1)在清除旧填料时,不要将机油滴在正时链条盖、汽缸盖和汽缸体的接触面上
			(2)清除接触面的所有机油
			(3)如果接触面潮湿,则在涂抹密封胶前擦拭干净
		2)检查确认3个O形圈的零件号是否正确	
		3)安装3个新O形圈	
		4)按手册规定要求在汽缸体上涂抹密封胶	(1)封胶选用丰田原厂黑密封胶、Three Bond 1207B 或同等产品
			(2)密封直径:3.0mm
		5)按手册规定要求在正时链条盖上分段涂抹一条规定直径的连续的密封胶线	涂抹密封胶后3min内安装链条盖,并在15min内紧固螺栓
		6)检查确认水泵新衬垫的零件号是否正确安装正时链条盖	
		7)安装水泵新衬垫	
		8)正确使用工具拧紧水泵固定螺栓	(1)水泵固定螺栓标准力矩:24N·m
			(2)在安装链条盖后10min内,安装悬置支架
		9)正确使用工具安装发动机悬置支架	(1)悬置支架固定螺栓的标准长度为80mm
			(2)在安装链条盖后10min内,安装机油滤清器支架
		10)安装机油滤清器支架新O形圈	
		11)按手册规定顺序拧紧正时链条盖分总成固定螺栓,其中螺栓E上涂抹粘合剂	(1)正时链条盖固定螺栓标准力矩:螺栓A、E为26N·m。 螺栓B:51N·m; 螺栓C:51N·m; 螺栓D:10N·m
			(2)正时链条盖固定螺栓标准长度:螺栓A、E为35mm。 螺栓B:55mm; 螺栓C:80mm; 螺栓D:40mm
			(3)安装正时链条盖分总成后,至少2h内不要起动发动

续上表

序号及内容	项目名称	技术说明	注意事项
五、安装正时链条盖分总成	2. 安装曲轴皮带轮	1)将曲轴皮带轮定位键对准皮带轮上的键槽	
		2)用专用工具固定皮带轮就位并拧紧螺栓	(1)装夹专用工具时要检查其安装位置,以防止专用工具的安装螺栓接触正时链条盖分总成
			(2)曲轴皮带轮固定螺栓标准力矩:190N·m
	3. 安装1号链条张紧器总成	1)松开棘轮爪,然后完全推入柱塞,将挂钩固定在销上以使柱塞位于图示位置?	确保凸轮固定在柱塞的第一个齿上,使挂钩穿过锁销
		2)在汽缸体上安装衬垫、支架和1号链条张紧器,并按规定力矩拧紧固定螺母	固定螺母的标准力矩为10N·m
		3)使用专用工具逆时针转动曲轴,然后用手将挂钩与柱塞锁销分离	如果安装链条张紧器时挂钩脱离锁销,要重新固定挂钩
		4)顺时针转动曲轴,然后检查并确认柱塞伸出	
备注			

更换正时链条、调整或更换正时介轮观察表　　表2-30

观察人员:__________　　操作人员:__________　　日期:__________

序号及内容	项目名称	观察记录	意见建议
一、将1号汽缸设置到TDC/压缩位置	1. 使用17mm套筒、棘轮扳手顺时针转动曲轴皮带轮,使曲轴皮带轮上的凹槽与正时链条盖上的正时标记“0”对准		
	2. 检查凸轮轴正时齿轮和链轮上的各正时标记是否对准		
	3. 检查凸轮轴正时齿轮和位于1号、2号轴承盖上的各正时标记是否对准		
二、拆卸曲轴皮带轮	1. 用专用工具固定曲轴皮带轮		
	2. 用17mm套筒拆下曲轴皮带轮固定螺栓		
	3. 用专用工具拉下皮带轮		
三、拆卸正时链条盖油封	1. 用刀子切掉油封唇口		
	2. 用头部缠有胶带的螺丝刀撬出油封		

续上表

序号及内容	项 目 名 称	观察记录	意见建议
四、拆卸1号链条张紧器总成	正确使用工具拆下1号链条张紧器总成两个螺母、托架、张紧器和衬垫		
五、拆卸正时链条盖分总成	1. 使用(托顶、橡胶垫)支撑发动机下部油底壳前端		
	2. 正确使用工具拆下发动机悬置支架螺栓,并取下发动机悬置支架		
	3. 正确使用工具拆下机油滤清器支架固定螺栓,并取下机油滤清器支架		
	4. 用手取下机油滤清器的两个O形圈		
	5. 正确使用工具按手册规定顺序拆下正时链条盖分总成的固定螺栓		
	6. 用螺丝刀撬动正时链条盖和汽缸盖或汽缸体之间的部位,拆下正时链条盖		
	7. 正确使用工具拆下3个O形圈		
	8. 正确使用工具拆下水泵固定螺栓,并取下水泵和衬垫		
六、拆卸链条张紧器导板和1号、2号链条振动阻尼器	1. 正确使用工具拆下链条张紧器导板		
	2. 正确使用工具分别拆下1号、2号链条振动阻尼器固定螺栓,并取下链条振动阻尼器		
七、拆卸链条分总成	1. 正确使用工具固定进气凸轮轴的六角部分,并逆时针旋转凸轮轴正时齿轮总成,以松弛凸轮轴正时齿轮之间的链条		
	2. 在链条松弛后,将链条从凸轮轴正时齿轮总成上取下,然后将其搭放在凸轮轴正时齿轮前端		
	3. 顺时针转动进气凸轮轴,使其回到原来位置,并拆下链条		
	4. 确保链条从链轮上完全松开		
八、安装1号链条振动阻尼器	1. 检查确认1号链条振动阻尼器的零件号是否正确		
	2. 正确使用工具旋入1号链条振动阻尼器固定螺栓		
	3. 正确使用工具拧紧1号链条振动阻尼器固定螺栓		
九、安装2号链条振动阻尼器	1. 检查确认2号链条振动阻尼器的零件号是否正确		
	2. 正确使用工具旋入2号链条振动阻尼器固定螺栓		
	3. 正确使用工具拧紧2号链条振动阻尼器固定螺栓		
十、检查1号汽缸TDC/压缩	1. 正确使用工具暂时紧固曲轴皮带轮螺栓		
	2. 正确使用工具逆时针转动曲轴,以使正时齿轮键处于顶部		
	3. 正确使用工具拆下曲轴皮带轮螺栓		
	4. 分别检查进、排气凸轮轴正时齿轮上的正时标记		

续上表

序号及内容	项 目 名 称	观察记录	意见建议
十一、安装链条	1. 将链节上的标记板(橙色)和正时齿轮上的标记对准		
	2. 将链条绕在链轮上		
	3. 将链条放在曲轴上,但不要使其缠绕在曲轴周围		
	4. 正确使用工具固定住排气凸轮轴的六角部分,并逆时针旋转进气凸轮轴正时齿轮总成,使链节上的标记板(橙色)和正时齿轮上的标记对准		
	5. 正确使用工具固定住进气凸轮轴的六角部分,并顺时针旋转进气凸轮轴正时齿轮总成		
	6. 将链节上的标记板(黄色)和曲轴正时齿轮上的标记对准并安装到位		
	7. 使用17mm套筒旋转曲轴两圈,确认每个正时标记都对准		
十二、安装链条张紧器导板	1. 检查确认链条张紧器导板的零件号是否正确		
	2. 正确使用工具安装链条张紧器导		
十三、安装正时链条盖油封	1. 检查确认正时链条盖油封的零件号是否正确		
	2. 用专用工具敲入一个新油封,直到其表面与正时齿轮箱边缘齐平		
	3. 在油封唇口上涂抹一薄层润滑脂		
十四、安装正时链条盖分总成	1. 清除所有旧的填料(FIPG)		
	2. 检查确认2+1个O形圈的零件号是否正确		
	3. 安装2+1个新O形圈		
	4. 按手册规定要求在汽缸体上涂抹密封胶: (1)密封胶选用丰田原厂黑密封胶、Three Bond 1207B或同等产品; (2)密封直径:3.0mm		
	5. 按手册规定要求在正时链条盖上分段涂抹一条规定直径的连续的密封胶线		
	6. 检查确认水泵新衬垫的零件号是否正确安装正时链条盖		
	7. 安装水泵新衬垫		
	8. 正确使用工具拧紧水泵固定螺栓		
	9. 正确使用工具安装发动机悬置支架		
	10. 安装机油滤清器支架的O形圈		
	11. 按手册规定顺序拧紧正时链条盖分总成固定螺栓,其中螺栓E上涂抹粘合剂		

续上表

序号及内容	项 目 名 称	观察记录	意见建议
十五、安装曲轴皮带轮	1. 将曲轴皮带轮定位键对准皮带轮上的键槽		
	2. 用专用工具固定皮带轮就位并拧紧螺栓		
十六、安装1号链条张紧器总成	1. 松开棘轮爪,然后完全推入柱塞,将挂钩固定在销上以使柱塞位于指定位置		
	2. 在汽缸体上安装衬垫、支架和1号链条张紧器,并按规定力矩拧紧固定螺母		
	3. 使用专用工具逆时针转动曲轴,然后用手将挂钩与柱塞锁销分离		
	4. 顺时针转动曲轴,然后检查并确认柱塞伸出		
教师点评			

更换正时链条、调整或更换正时介轮评分表 表2-31

操作人员:________ 操作人员:________ 日期:________ 得分:________

序号	项 目 名 称	评 分 细 则	分值	得分	原因
一	将1号汽缸设置到TDC/压缩位置(5分)	1. 使用17mm套筒、棘轮扳手顺时针转动曲轴皮带轮,使曲轴皮带轮上的凹槽与正时链条盖上的正时标记“0”对准	2		
		2. 检查凸轮轴正时齿轮和链轮上的各正时标记是否对准	1		
		3. 检查凸轮轴正时齿轮和位于1号、2号轴承盖上的各正时标记是否对准	2		
二	拆卸曲轴皮带轮(5分)	1. 用专用工具固定曲轴皮带轮	2		
		2. 用17mm套筒拆下曲轴皮带轮固定螺栓	2		
		3. 用专用工具拉下皮带轮	1		
三	拆卸正时链条盖油封(4分)	1. 用刀子切掉油封唇口	2		
		2. 用头部缠有胶带的螺丝刀撬出油封	2		
四	拆卸1号链条张紧器总成(2分)	正确使用工具拆下1号链条张紧器总成两个螺母、托架、张紧器和衬垫	2		
五	拆卸正时链条盖分总成(14分)	1. 使用(托顶、橡胶垫)支撑发动机下部油底壳前端	1		
		2. 正确使用工具拆下发动机悬置支架螺栓,并取下发动机悬置支架	2		
		3. 正确使用工具拆下机油滤清器支架固定螺栓,并取下机油滤清器支架	1		
		4. 用手取下机油滤清器的两个O形圈	2		
		5. 正确使用工具按手册规定顺序拆下正时链条盖分总成的固定螺栓	2		

续上表

序号	项 目 名 称	评 分 细 则	分值	得分	原因
五	拆卸正时链条盖分总成(14 分)	6. 用螺丝刀撬动正时链条盖和汽缸盖或汽缸体之间的部位,拆下正时链条盖	2		
		7. 正确使用工具拆下 3 个 O 形圈	2		
		8. 正确使用工具拆下水泵固定螺栓,并取下水泵和衬垫	2		
六	拆卸链条张紧器导板和 1 号、2 号链条振动阻尼器(1 分)	1. 正确使用工具拆下链条张紧器导板	1		
		2. 正确使用工具分别拆下 1 号、2 号链条振动阻尼器固定螺栓,并取下链条振动阻尼器	1		
七	拆卸链条分总成(6 分)	1. 正确使用工具固定进气凸轮轴的六角部分,并逆时针旋转凸轮轴正时齿轮总成,以松弛凸轮轴正时齿轮之间的链条	1		
		2. 在链条松弛后,将链条从凸轮轴正时齿轮总成上取下,然后将其搭放在凸轮轴正时齿轮前端	1		
		3. 顺时针转动进气凸轮轴,使其回到原来位置,并拆下链条	2		
		4. 确保链条从链轮上完全松开	2		
八	安装 1 号链条振动阻尼器(6 分)	1. 检查确认 1 号链条振动阻尼器的零件号是否正确	2		
		2. 正确使用工具旋入 1 号链条振动阻尼器固定螺栓	2		
		3. 正确使用工具拧紧 1 号链条振动阻尼器固定螺栓	2		
九	安装 2 号链条振动阻尼器(4 分)	1. 检查确认 2 号链条振动阻尼器的零件号是否正确	1		
		2. 正确使用工具旋入 2 号链条振动阻尼器固定螺栓	1		
		3. 正确使用工具拧紧 2 号链条振动阻尼器固定螺栓	2		
十	检查 1 号汽缸 TDC/压缩(18 分)	1. 正确使用工具暂时紧固曲轴皮带轮螺栓	2		
		2. 正确使用工具逆时针转动曲轴,以使正时齿轮键处于顶部	2		
		3. 正确使用工具拆下曲轴皮带轮螺栓	2		
		4. 分别检查进、排气凸轮轴正时齿轮上的正时标记	2		
十一	安装链条(14 分)	1. 将链节上的标记板(橙色)和正时齿轮上的标记对准	2		
		2. 将链条绕在链轮上	2		
		3. 将链条放在曲轴上,但不要使其缠绕在曲轴周围	2		
		4. 正确使用工具固定住排气凸轮轴的六角部分,并逆时针旋转进气凸轮轴正时齿轮总成,使链节上的标记板(橙色)和正时齿轮上的标记对准	2		
		5. 正确使用工具固定住进气凸轮轴的六角部分,并顺时针旋转进气凸轮轴正时齿轮总成	2		

续上表

序号	项目名称	评分细则	分值	得分	原因
十一	安装链条(14 分)	6. 将链节上的标记板(黄色)和曲轴正时齿轮上的标记对准并安装到位	2		
		7. 使用 17mm 套筒旋转曲轴两圈，确认每个正时标记对准	2		
十二	安装链条张紧器导板(2 分)	1. 检查确认链条张紧器导板的零件号是否正确	1		
		2. 正确使用工具安装链条张紧器导板	1		
十三	安装正时链条盖油封(5 分)	1. 检查确认正时链条盖油封的零件号是否正确	1		
		2. 用专用工具敲入一个新油封，直到其表面与正时齿轮箱边缘齐平	2		
		3. 在油封唇口上涂抹一薄层润滑脂	2		
十四	安装正时链条盖分总成(19 分)	1. 清除所有旧的填料（FIPG）	1		
		2. 检查确认 2 + 1 个 O 形圈的零件号是否正确	1		
		3. 安装 2 + 1 个新 O 形圈	1		
		4. 按手册规定要求在汽缸体上涂抹密封胶 (1)密封胶选用丰田原厂黑密封胶、Three Bond 1207B 或同等产品 (2)密封直径：3.0mm	2		
		5. 按手册规定要求在正时链条盖上分段涂抹一条规定直径的连续的密封胶线	2		
		6. 检查确认水泵新衬垫的零件号是否正确安装正时链条盖	2		
		7. 安装水泵新衬垫	2		
		8. 正确使用工具拧紧水泵固定螺栓	1		
		9. 正确使用工具安装发动机悬置支架	1		
		10. 安装机油滤清器支架新 O 形圈	2		
		11. 按手册规定顺序拧紧正时链条盖分总成固定螺栓，其中螺栓 E 上涂抹粘合剂	2		
十五	安装曲轴皮带轮(2 分)	1. 将曲轴皮带轮定位键对准皮带轮上的键槽	1		
		2. 用专用工具固定皮带轮就位并拧紧螺栓	1		
十六	安装 1 号链条张紧器总成(6 分)	1. 松开棘轮爪，然后完全推入柱塞，将挂钩固定在销上以使柱塞位于图示位置	2		
		2. 在汽缸体上安装衬垫、支架和 1 号链条张紧器，并按规定力矩拧紧固定螺母	2		
		3. 使用专用工具逆时针转动曲轴，然后用手将挂钩与柱塞锁销分离	1		
		4. 顺时针转动曲轴，然后检查并确认柱塞伸出	1		

更换正时链条、调整或更换正时介轮操作工艺单 表 2-32

操作人员:____________ 日期:____________

序号及内容	项 目 名 称	操作结果记录	操作数据记录
一、将 1 号汽缸设置到 TDC/压缩位置	1. 使用 17mm 套筒、棘轮扳手顺时针转动曲轴皮带轮，使曲轴皮带轮上的凹槽与正时链条盖上的正时标记“0”对准		
	2. 检查凸轮轴正时齿轮和链轮上的各正时标记是否对准		
	3. 检查凸轮轴正时齿轮和位于 1 号、2 号轴承盖上的各正时标记是否对准		
二、拆卸曲轴皮带轮	1. 用专用工具固定曲轴皮带轮		
	2. 用 17mm 套筒拆下曲轴皮带轮固定螺栓		
	3. 用专用工具拉下皮带轮		
三、拆卸正时链条盖油封	1. 用刀子切掉油封唇口		
	2. 用头部缠有胶带的螺丝刀撬出油封		
四、拆卸 1 号链条张紧器总成	正确使用工具拆下 1 号链条张紧器总成两个螺母、托架、张紧器和衬垫		
五、拆卸正时链条盖分总成	1. 使用(托顶、橡胶垫)支撑发动机下部油底壳前端		
	2. 正确使用工具拆下发动机悬置支架螺栓，并取下发动机悬置支架		
	3. 正确使用工具拆下机油滤清器支架固定螺栓，并取下机油滤清器支架		
	4. 用手取下机油滤清器的两个 O 形圈		
	5. 正确使用工具按手册规定顺序拆下正时链条盖分总成的固定螺栓		
	6. 用螺丝刀撬动正时链条盖和汽缸盖或汽缸体之间的部位，拆下正时链条盖		
	7. 正确使用工具拆下 3 个 O 形圈		
	8. 正确使用工具拆下水泵固定螺栓，并取下水泵和衬垫		
六、拆卸链条张紧器导板和 1 号、2 号链条振动阻尼器	1. 正确使用工具拆下链条张紧器导板		
	2. 正确使用工具分别拆下 1 号、2 号链条振动阻尼器固定螺栓，并取下链条振动阻尼器		
七、拆卸链条分总成	1. 正确使用工具固定进气凸轮轴的六角部分，并逆时针旋转凸轮轴正时齿轮总成，以松弛凸轮轴正时齿轮之间的链条		
	2. 在链条松弛后，将链条从凸轮轴正时齿轮总成上取下，然后将其搭放在凸轮轴正时齿轮前端		

续上表

序号及内容	项 目 名 称	操作结果记录	操作数据记录
七、拆卸链条分总成	3. 顺时针转动进气凸轮轴,使其回到原来位置,并拆下链条		
	4. 确保链条从链轮上完全松开		
八、安装1号链条振动阻尼器	1. 检查确认1号链条振动阻尼器的零件号是否正确		
	2. 正确使用工具旋入1号链条振动阻尼器固定螺栓		
	3. 正确使用工具拧紧1号链条振动阻尼器固定螺栓		
九、安装2号链条振动阻尼器	1. 检查确认2号链条振动阻尼器的零件号是否正确		
	2. 正确使用工具旋入2号链条振动阻尼器固定螺栓		
	3. 正确使用工具拧紧2号链条振动阻尼器固定螺栓		
十、检查1号汽缸TDC/压缩	1. 正确使用工具暂时紧固曲轴皮带轮螺栓		
	2. 正确使用工具逆时针转动曲轴,以使正时齿轮键处于顶部		
	3. 正确使用工具拆下曲轴皮带轮螺栓		
	4. 分别检查进、排气凸轮轴正时齿轮上的正时标记		
十一、安装链条	1. 将链节上的标记板(橙色)和正时齿轮上的标记对准		
	2. 将链条绕在链轮上		
	3. 将链条放在曲轴上,但不要使其缠绕在曲轴周围		
	4. 正确使用工具固定住排气凸轮轴的六角部分,并逆时针旋转进气凸轮轴正时齿轮总成,使链节上的标记板(橙色)和正时齿轮上的标记对准		
	5. 正确使用工具固定住进气凸轮轴的六角部分,并顺时针旋转进气凸轮轴正时齿轮总成		
	6. 将链节上的标记板(黄色)和曲轴正时齿轮上的标记对准并安装到位		
	7. 使用17mm套筒旋转曲轴两圈,确认每个正时标记对准		
十二、安装链条张紧器导板	1. 检查确认链条张紧器导板的零件号是否正确		
	2. 正确使用工具安装链条张紧器导		
十三、安装正时链条盖油封	1. 检查确认正时链条盖油封的零件号是否正确		
	2. 用专用工具敲入一个新油封,直到其表面与正时齿轮箱边缘齐平		
	3. 在油封唇口上涂抹一薄层润滑脂		
十四、安装正时链条盖分总成	1. 清除所有旧的填料(FIPG)		
	2. 检查确认2+1个O形圈的零件号是否正确		
	3. 安装2+1个O形圈		

续上表

序号及内容	项 目 名 称	操作结果记录	操作数据记录
十四、安装正时链条盖分总成	4. 按手册规定要求在汽缸体上涂抹密封胶： (1)密封胶选用丰田原厂黑密封胶、Three Bond 1207B 或同等产品； (2)密封直径:3.0mm		
	5. 按手册规定要求在正时链条盖上分段涂抹一条规定直径的连续的密封胶线		
	6. 检查确认水泵新衬垫的零件号是否正确安装正时链条盖		
	7. 安装水泵新衬垫		
	8. 正确使用工具拧紧水泵固定螺栓		
	9. 正确使用工具安装发动机悬置支架		
	10. 安装机油滤清器支架 O 形圈		
	11. 按手册规定顺序拧紧正时链条盖分总成固定螺栓，其中螺栓 E 上涂抹粘合剂		
十五、安装曲轴皮带轮	1. 将曲轴皮带轮定位键对准皮带轮上的键槽		
	2. 用专用工具固定皮带轮就位并拧紧螺栓		
十六、安装 1 号链条张紧器总成	1. 松开棘轮爪，然后完全推入柱塞，将挂钩固定在销上以使柱塞位于指定位置		
	2. 在汽缸体上安装衬垫、支架和 1 号链条张紧器，并按规定力矩拧紧固定螺母		
	3. 使用专用工具逆时针转动曲轴，然后用手将挂钩与柱塞锁销分离		
	4. 顺时针转动曲轴，然后检查并确认柱塞伸出		
备注说明			

第三节　燃油供给系统

一、更换燃油泵(表 2-33 ~ 表 2-36)

更换燃油泵作业流程表　　表 2-33

操作人员:____________　　日期:____________

序号及内容	项 目 名 称	技 术 说 明	注 意 事 项
一、前期准备	前期准备	1)将车辆置于室内水平地面上；点火开关置于 OFF 位置；拉好驻车制动，装好车轮挡块。 2)工作场所配置有效的灭火器材。 3)后座地板垫上地板垫	(1)对燃油系统进行操作时，严禁吸烟或靠近明火。 (2)避免橡胶或皮制零件接触到汽油

续上表

序号及内容	项目名称	技术说明	注意事项
二、更换燃油泵	1. 拆卸后排座椅座垫总成	参见更换炭罐	参见更换炭罐
	2. 拆卸后地板检修孔盖	参见更换炭罐	参见更换炭罐
	3. 燃油系统卸压	参见更换炭罐	参见更换炭罐
	4. 将电缆从蓄电池负极端子断开	参见更换炭罐	参见更换炭罐
	5. 清洁燃油吸油盘总成上部	参见更换炭罐	参见更换炭罐
	6. 拆卸燃油箱主管分总成	参见更换炭罐	参见更换炭罐
	7. 拆卸 1 号燃油蒸发管分总成	参见更换炭罐	参见更换炭罐
	8. 断开 1 号炭罐出口软管	参见更换炭罐	参见更换炭罐
	9. 断开 2 号燃油箱蒸发管	参见更换炭罐	参见更换炭罐
	10. 拆卸燃油吸油管总成挡圈	参见更换炭罐	参见更换炭罐
	11. 取出燃油吸油管总成	参见更换炭罐	参见更换炭罐
	12. 拆卸燃油表传感器总成	参见更换炭罐	参见更换炭罐
	13. 拆卸燃油泵	1)用头部缠有保护胶带的螺丝刀,脱开两个卡爪拆下 1 号吸油管支架	(1)工具要选用正确,使用时不能用力太大。 (2)拆卸过程中不要损坏线束。 (3)拆卸过程中不要损坏燃油泵滤清器。 (4)断开燃油泵滤清器软管时注意用清洁布及时盖住油管口,及时清洁漏出的燃油并套上油管塞子。 (5)已断开的连接器,套上塑料袋以防止异物进入
		2)用头部缠有保护胶带的螺丝刀,脱开燃油压力调节器上的两个卡爪,脱开燃油泵滤清器支架上的 3 个卡爪,取下燃油泵滤清器	
		3)断开燃油泵滤清器软管	
		4)往下拿出燃油泵,用手按压下端锁止扣,断开燃油泵线束,拆下燃油泵 O 形圈,把燃油泵放置在清洁零件盘中	
		5)从燃油吸油管总成上取出线束	
		6)用头部缠有保护胶带的螺丝刀撬出燃油压力调节器,从压力调节器总成上拆下两个 O 形圈。放置在清洁零件盘中	

续上表

<table>
<tr><th>序号及内容</th><th>项 目 名 称</th><th>技 术 说 明</th><th>注 意 事 项</th></tr>
<tr><td rowspan="10">三、安装燃油泵</td><td rowspan="4">1. 检查燃油泵</td><td>1)确认新的燃油泵总成零件号是否正确</td><td rowspan="4">(1)燃油泵通电时间要少于10s,防止线圈烧坏。
(2)使燃油泵尽量远离蓄电池</td></tr>
<tr><td>2)目视燃油泵总成的表面,是否有损伤</td></tr>
<tr><td>3)检查燃油泵电阻。用数字式万用检测接线柱1和2之间的电阻,其电阻值应符合下表:<table><tr><th>检测仪连接</th><th>条件</th><th>规定状态</th></tr><tr><td>1-2</td><td>20℃</td><td>0.2~3.0Ω</td></tr></table></td></tr>
<tr><td>4)检查燃油泵工作情况。在两个端子之间施加蓄电池电压,确认燃油泵工作</td></tr>
<tr><td>2. 安装燃油泵</td><td>1)在新O形圈上涂抹汽油,然后将其安装到燃油滤清器上。
2)连接燃油泵线束连接器,保证锁止扣锁止可靠。
3)接合燃油泵滤清器支架上的3个卡爪。
4)接合1号吸油管支架的两个卡爪</td><td>(1)安装时,不要对燃油管或吸油管支架施加过大的力。
(2)安装时,不要损坏线束。
(3)燃油泵线束连接器安装时锁止扣必须完全扣住,安装好后需再次检查是否扣住。
(4)安装油管接头如有滴漏应及时清洁。
(5)卡爪安装时,必须对准并用力适当</td></tr>
<tr><td>3. 安装燃油泵及吸油管总成</td><td>参见更换炭罐</td><td>参见更换炭罐</td></tr>
<tr><td>4. 检查燃油是否泄漏</td><td>1)检查燃油泵工作情况:
(1)将智能检测仪连接到DLC3。
(2)将点火开关置于ON位置,并接通智能检测仪的主开关。
(3)选择以下菜单:Powertrain / Engine / Active Test / Control the Fuel Pump /Speed。
(4)检查并确认能听到燃油在燃油箱中燃油流动的声音。如果听不到声音,则检查燃油泵及其连接器。
2)检查燃油泵及吸油管总成周围及各油管接口有无渗漏</td><td>(1)未安装后地板检修孔盖时检查。
(2)燃油如果比较少时需加注燃油</td></tr>
<tr><td>5. 燃油泵压力检查</td><td>参见燃油系统压力检查</td><td>参见燃油系统压力检查</td></tr>
<tr><td>6. 安装后地板检修孔盖</td><td>参见更换炭罐</td><td>参见更换炭罐</td></tr>
<tr><td>7. 安装后排座椅座垫总成</td><td>参见更换炭罐</td><td>参见更换炭罐</td></tr>
</table>

续上表

序号及内容	项目名称	技术说明	注意事项
四、清洁车辆、整理工具	1. 清洁工具、车辆	清洁	
	2. 恢复/整理工具	工具归零	
备注			

更换燃油泵评分表

表 2-34

操作人员:___________ 操作人员:___________ 日期:___________ 得分:___________

序号	项目名称	评分细则	分值	得分	原因
一	前期准备(6分)	前期准备	6		
二	更换燃油泵(48分)	1. 拆卸后排座椅座垫总成	3		
		2. 拆卸后地板检修孔盖	3		
		3. 燃油系统卸压	3		
		4. 将电缆从蓄电池负极端子断开	3		
		5. 清洁燃油吸油盘总成上部	3		
		6. 拆卸燃油箱主管分总成	3		
		7. 拆卸1号燃油蒸发管分总成	3		
		8. 断开1号炭罐出口软管	3		
		9. 断开2号燃油箱蒸发管	3		
		10. 拆卸燃油吸油管总成挡圈	3		
		11. 取出燃油吸油管总成	3		
		12. 拆卸燃油表传感器总成	3		
		13. 拆卸燃油泵	12		
三	安装燃油泵(36分)	1. 检查燃油泵	6		
		2. 安装燃油泵	10		
		3. 安装燃油泵及吸油管总成	3		
		4. 检查燃油是否泄漏	6		
		5. 燃油泵压力检查	5		
		6. 安装后地板检修孔盖	3		
		7. 安装后排坐椅座垫总成	3		
四	清洁车辆、整理工具(10分)	1. 清洁工具、车辆	4		
		2. 恢复/整理工具	6		
		总分	100		

更换燃油泵观察表

表 2-35

观察人员：__________ 操作人员：__________ 日期：__________

序号及内容	项目名称	观察记录	意见建议
一、前期准备	前期准备		
二、更换燃油泵	1. 拆卸后排座椅座垫总成		
	2. 拆卸后地板检修孔盖		
	3. 燃油系统卸压		
	4. 将电缆从蓄电池负极端子断开		
	5. 清洁燃油吸油盘总成上部		
	6. 拆卸燃油箱主管分总成		
	7. 拆卸 1 号燃油蒸发管分总成		
	8. 断开 1 号炭罐出口软管		
	9. 断开 2 号燃油箱蒸发管		
	10. 拆卸燃油吸油管总成挡圈		
	11. 取出燃油吸油管总成		
	12. 拆卸燃油表传感器总成		
	13. 拆卸燃油泵		
三、安装燃油泵	1. 检查燃油泵		
	2. 安装燃油泵		
	3. 安装燃油泵及吸油管总成		
	4. 检查燃油是否泄漏		
	5. 燃油泵压力检查		
	6. 安装后地板检修孔盖		
	7. 安装后排座椅座垫总成		
四、清洁车辆、整理工具	1. 清洁工具、车辆		
	2. 恢复/整理工具		
教师点评			

更换燃油泵操作工艺单

表 2-36

操作人员：__________ 日期：__________

序号及内容	项目名称	操作结果记录	操作数据记录
一、前期准备	前期准备		
二、更换燃油泵	1. 拆卸后排座椅座垫总成		
	2. 拆卸后地板检修孔盖		
	3. 燃油系统卸压		

续上表

序号及内容	项目名称	操作结果记录	操作数据记录
二、更换燃油泵	4. 将电缆从蓄电池负极端子断开		
	5. 清洁燃油吸油盘总成上部		
	6. 拆卸燃油箱主管分总成		
	7. 拆卸1号燃油蒸发管分总成		
	8. 断开1号炭罐出口软管		
	9. 断开2号燃油箱蒸发管		
	10. 拆卸燃油吸油管总成挡圈		
	11. 取出燃油吸油管总成		
	12. 拆卸燃油表传感器总成		
	13. 拆卸燃油泵		
三、安装燃油泵	1. 检查燃油泵		
	2. 安装燃油泵		
	3. 安装燃油泵及吸油管总成		
	4. 检查燃油是否泄漏		
	5. 燃油泵压力检查		
	6. 安装后地板检修孔盖		
	7. 安装后排座椅座垫总成		
四、清洁车辆、整理工具	1. 清洁工具、车辆		
	2. 恢复/整理工具		
备注说明			

二、更换燃油滤清器(表2-37~表2-40)

更换燃油滤清器作业流程表 表2-37

操作人员:__________ 日期:__________

序号及内容	项目名称	技术说明	注意事项
一、取下燃油泵熔断丝	取下燃油泵熔断丝	打开发动机发动机盖,打开熔断丝盒盖,取下燃油泵熔断丝	取下熔断丝时参照维修手册中燃油泵熔断丝编号
二、泄压	燃油系统泄压	确认驻车自动处于制动状态,换挡杆处于空挡位置,打开点火开关起动发动机,使发动机运转到自动停止	由于燃油泵熔断丝已经取下,所以发动机运转所燃烧的燃油时由管和燃油滤清器中的燃油,以达到泄压的目的
三、断开蓄电池负极电缆	断开蓄电池负极电缆	使用10mm套筒,拧松蓄电池负极电缆固定螺栓。取下蓄电池负极电缆	在进行燃油系统的拆卸时要断开电器系统以免发生火花引起爆炸

续上表

序号及内容	项目名称	技术说明	注意事项
四、举升车辆到适合操作位置	举升车辆	用举升机将车举升到合适操作的高度	由于个人的身高不同所以举升时要依照操作者的身高来决定举升高度
五、清洁燃油滤清器进、出油管接口处的污物	清洁燃油滤清器进、出油管接口处的污物	使用棉布擦净燃油滤清器进、出油管接口处的污物	油滤清器进、出油管接口处的污物应在拆卸油管前拆卸，避免污物进入油管内
六、拆卸燃油滤清器固定支架	拆卸燃油滤清器固定支架	使用合适的工具拆卸燃油滤清器固定支架固定螺栓	正确使用工具
七、拆卸进、出油管	拆卸进、出油管	使用合适工具拆卸下进出油管	油管接口用塑料袋包扎好
八、环保处理燃油滤清器	环保处理燃油滤清器	燃油滤清器从固定支架中取出，把燃油滤清器中剩余的燃油倒进回收容器中，并把燃油滤清器放置到指定位置	取出燃油滤清器时禁止使用金属物敲击，防止产生火花使燃油滤清器爆炸
九、安装燃油滤清器	安装燃油滤清器	将燃油滤清器上箭头表示指向发动机安装在燃油滤清器固定支架上，并保证安装可靠	燃油滤清器上箭头表示指向发动机
十、检查燃油泵进、出软管	检查燃油泵进、出软管	用手检查燃油泵进、出软管是否有老化、裂纹	检查时要全面细致
十一、插接燃油泵进、出油管	插接燃油泵进、出油管	取下塑料袋插接燃油泵进、出油管	插接前注意检查油管接口有无损坏
十二、举升机降下车辆	举升机降下车辆	使用举升机降下车辆	降下举升机时注意工作现场安全
十三、插接燃油泵熔断丝	插接燃油泵熔断丝	插接燃油泵熔断丝，确保连接可靠	插接好后一定要检查连接是否可靠
十四、连接蓄电池负极电缆	连接蓄电池负极电缆	连接蓄电池负极电缆，并以标准力矩拧紧蓄电池负极电缆固定螺栓	使用扭力扳手拧紧
十五、建立燃油系统油压	建立燃油系统油压	将点火开关拨至 ON 挡，2～3s 后，拨至 OFF 挡。如此重复 3～5 次，然后起动发动机，加减速操作 2～3min，关闭点火开关	每次起动间隔时间 5s 以上
十六、举升车辆到合适高度	举升车辆到合适高度	操作举升机到合适高度	严格按照举升机的操作规范
十七、检漏	检漏	检查燃油滤清器的进、出油管处是否存在燃油泄漏	检查时要全面仔细
十八、降下车辆	降下车辆	按下举升机下降按钮，降下车辆，使车辆平稳着地	严格按照举升机的操作规范
十九、清洁整理工具	1. 清洁工具	清洁	
	2. 恢复/整理工具	扭力扳手归零	
备注			

更换燃油滤清器评分表 表2-38

操作人员:__________ 操作人员:__________ 日期:__________ 得分:__________

序号	项目名称	评分细则	分值	得分	原因
一	取下燃油泵熔断丝(6分)	打开发动机发动机盖(2分),打开熔断丝盒盖(2分),取下燃油泵熔断丝(2分)	6		
二	燃油系统泄压(6分)	确认驻车自动处于制动状态(2分),换挡杆处于空挡位置(2分),打开点火开关起动发动机,使发动机运转到自动停止(2分)	6		
三	断开蓄电池负极电缆(4分)	使用10mm套筒(2分),拧松蓄电池负极电缆固定螺栓,取下蓄电池负极电缆(2分)	4		
四	举升车辆到适合操作位置(4分)	用举升机将车举升到合适操作的高度(2分)	4		
五	清洁燃油滤清器进、出油管接口(4分)	使用棉布擦净燃油滤清器进油管接口处的污物(2分);擦净燃油滤清器出油管接口处的污物(2分)	4		
六	拆卸燃油滤清器固定支架(6分)	使用合适的工具(2分);拆卸燃油滤清器固定支架固定螺栓(4分)	6		
七	拆卸进、出油(6分)	使用合适工具拆卸下进油管(3分);拆卸下出油管(3分)	6		
八	环保处理燃油滤清器(6分)	燃油滤清器从固定支架中取出(2分);把燃油滤清器中剩余的燃油倒进回收容器中(2分);并把燃油滤清器放置到指定位置(2分)	6		
九	安装燃油滤清器(8分)	将燃油滤清器上箭头表示指向发动机安装在燃油滤清器固定支架上(4分);安装可靠(4分)	8		
十	检查燃油泵进、出软管(4分)	检查燃油泵进软管(2分);检查燃油泵出软管(2分)	4		
十一	插接燃油泵(6分)	插接燃油泵进油管(3分);插接燃油泵出油管(3分)	6		
十二	举升机降下车辆(4分)	使用举升机降下车辆(4分)	4		
十三	插接燃油泵熔断丝(5分)	插接燃油泵熔断丝(3分);确保连接可靠(2分)	5		
十四	连接蓄电池负极电缆(5分)	连接蓄电池负极电缆(2分);并以标准力矩拧紧蓄电池负极电缆固定螺栓(3分)	5		
十五	建立燃油系统油压(6分)	将点火开关拨至ON挡,2~3s后,拨至OFF挡。如此重复3~5次(3分);然后起动发动机,加减速操作2~3min(2分);关闭点火开关(1分)	6		

续上表

<table>
<tr><th>序号</th><th>项目名称</th><th>评分细则</th><th>分值</th><th>得分</th><th>原因</th></tr>
<tr><td>十六</td><td>操作举升机到合适高度（4分）</td><td>操作举升机到合适高度（4分）</td><td>4</td><td></td><td></td></tr>
<tr><td>十七</td><td>检漏（3分）</td><td>检查燃油滤清器的进、出油管处是否存在燃油泄漏（3分）</td><td>3</td><td></td><td></td></tr>
<tr><td>十八</td><td>降下车辆（3分）</td><td>按下举升机下降按钮，降下车辆，使车辆平稳着地（3分）</td><td>3</td><td></td><td></td></tr>
<tr><td rowspan="3">十九</td><td rowspan="3">5S清洁整理（10分）</td><td>1. 清洁工具，每次（1分）</td><td>3</td><td></td><td></td></tr>
<tr><td>2. 恢复/整理工具（2分）；扭力扳手归位（1分）</td><td>3</td><td></td><td></td></tr>
<tr><td>3. 操作中是否有物体落地或损坏（共4分，可倒扣）</td><td>4</td><td></td><td></td></tr>
<tr><td colspan="3">总　　分</td><td>100</td><td></td><td></td></tr>
</table>

更换燃油滤清器观察表　　表2-39

观察人员：________　　操作人员：________　　日期：________

<table>
<tr><th>序号及内容</th><th>项目名称</th><th>观察记录</th><th>意见建议</th></tr>
<tr><td>一、取下燃油泵熔断丝</td><td>取下燃油泵熔断丝</td><td></td><td></td></tr>
<tr><td>二、泄压</td><td>燃油系统泄压</td><td></td><td></td></tr>
<tr><td>三、断开蓄电池负极电缆</td><td>断开蓄电池负极电缆</td><td></td><td></td></tr>
<tr><td>四、举升车辆到适合操作位置</td><td>举升车辆</td><td></td><td></td></tr>
<tr><td>五、清洁燃油滤清器进、出油管接口处的污物</td><td>清洁燃油滤清器进、出油管接口处的污物</td><td></td><td></td></tr>
<tr><td>六、拆卸燃油滤清器固定支架</td><td>拆卸燃油滤清器固定支架</td><td></td><td></td></tr>
<tr><td>七、拆卸进、出油管</td><td>拆卸进、出油管</td><td></td><td></td></tr>
<tr><td>八、环保处理燃油滤清器</td><td>环保处理燃油滤清器</td><td></td><td></td></tr>
<tr><td>九、安装燃油滤清器</td><td>安装燃油滤清器</td><td></td><td></td></tr>
<tr><td>十、检查燃油泵进、出软管</td><td>检查燃油泵进、出软管</td><td></td><td></td></tr>
<tr><td>十一、插接燃油泵进、出油管</td><td>插接燃油泵进、出油管</td><td></td><td></td></tr>
<tr><td>十二、举升机降下车辆</td><td>举升机降下车辆</td><td></td><td></td></tr>
<tr><td>十三、插接燃油泵熔断丝</td><td>插接燃油泵熔断丝</td><td></td><td></td></tr>
<tr><td>十四、连接蓄电池负极电缆</td><td>连接蓄电池负极电缆</td><td></td><td></td></tr>
<tr><td>十五、建立燃油系统油压</td><td>建立燃油系统油压</td><td></td><td></td></tr>
<tr><td>十六、举升车辆到合适高度</td><td>举升车辆到合适高度</td><td></td><td></td></tr>
<tr><td>十七、检漏</td><td>检漏</td><td></td><td></td></tr>
<tr><td>十八、降下车辆</td><td>降下车辆</td><td></td><td></td></tr>
<tr><td rowspan="2">十九、清洁整理工具</td><td>1. 清洁工具</td><td></td><td></td></tr>
<tr><td>2. 恢复/整理工具</td><td></td><td></td></tr>
<tr><td>教师点评</td><td colspan="3"></td></tr>
</table>

更换燃油滤清器操作工艺单　　表2-40

操作人员:____________　　日期:____________

序号及内容	项目名称	操作结果记录	操作数据记录
一、取下燃油泵熔断丝	取下燃油泵熔断丝		
二、泄压	燃油系统泄压		
三、断开蓄电池负极电缆	断开蓄电池负极电缆		
四、举升车辆到适合操作位置	举升车辆		
五、清洁燃油滤清器进、出油管接口处的污物	清洁燃油滤清器进、出油管接口处的污物		
六、拆卸燃油滤清器固定支架	拆卸燃油滤清器固定支架		
七、拆卸进、出油管	拆卸进、出油管		
八、环保处理燃油滤清器	环保处理燃油滤清器		
九、安装燃油滤清器	安装燃油滤清器		
十、检查燃油泵进、出软管	检查燃油泵进、出软管		
十一、插接燃油泵进、出油管	插接燃油泵进、出油管		
十二、举升机降下车辆	举升机降下车辆		
十三、插接燃油泵熔断丝	插接燃油泵熔断丝		
十四、连接蓄电池负极电缆	连接蓄电池负极电缆		
十五、建立燃油系统油压	建立燃油系统油压		
十六、举升车辆到合适高度	举升车辆到合适高度		
十七、检漏	检漏		
十八、降下车辆	降下车辆		
十九、清洁整理工具	1. 清洁工具		
	2. 恢复/整理工具		
备注说明			

三、燃油系统压力检测(表2-41~表2-44)

燃油系统压力检测　　表2-41

操作人员:____________　　日期:____________

序号及内容	项目名称	技术说明	注意事项
一、作业前准备	注意事项	1)举升车辆,举升到操作的合适高度,停止举升并锁止	(1)检查和维修燃油系统前,将电缆从蓄电池负极端子上断开。 (2)对燃油系统进行操作时,严禁吸烟或靠近明火。 (3)避免橡胶或皮制零件接触到汽油。 (4)在举升之前要检查车辆四周无人员、检查举升机支架与车辆支承位置放好、检查车辆中心对正无偏斜、检查车辆无负重
		2)将车辆置于举升位置进行检查	

续上表

序号及内容	项目名称	技术说明	注意事项
二、检查燃油系统表面泄漏	1. 发动机燃油箱检查	1)检查发动机燃油箱周边处,用肉眼观察此处的汽油泄漏情况	如果纸巾上有油渍,则说明该部位存在泄漏
		2)用干净的纸巾去擦拭被检查部位的表面,检查是否汽油泄漏	
	2. 发动机燃油管路	1)检查油管和油管的连接部位,用肉眼观察此处的汽油泄漏情况	如果纸巾上有油渍,则说明该部位存在泄漏
		2)用干净的纸巾去擦拭被检查部位的表面,检查是否汽油泄漏	
	3. 检查喷油器、燃油压力调节器、燃油泵、燃油滤清器	1)检查喷油器、燃油压力调节器、燃油泵、燃油滤清器和它们的连接部位,用肉眼观察此处的汽油泄漏情况	如果纸巾上有油渍,则说明该部位存在泄漏
		2)用干净的纸巾去擦拭被检查部位的表面,检查是否汽油泄漏	
三、车上检查	1. 检查燃油系统工作情况和燃油是否泄漏	1)将智能检测仪连接到 DLC3	
		2)将点火开关置于 ON 位置,并接通智能检测仪的主开关	
		3)选择以下菜单:Powertrain/Engine/Active Test/Control the Fuel Pump/peed	
		4)从燃油管路中检查燃油进油管中的压力。检查并确认能听到燃油在燃油箱中燃油流动的声音。 如果听不到声音,则检查集成继电器、燃油泵、ECM 和配线连接器	
		5)进行维护后检查并确认燃油系统任何部位均无燃油泄漏。如果燃油泄漏,必要时维修或更换零件	
		6)将点火开关置于 OFF 位置	
		7)从 DLC3 上断开智能检测仪	
	2. 检查燃油压力	1)燃油系统卸压	
		2)用电压表测量蓄电池电压	
		3)从蓄电池负极(-)端子上断开电缆	
		4)从主燃油管上断开燃油软管	
		5)用其他 SST 安装 SST(压力表),擦掉汽油	
		6)将电缆连接到蓄电池负极(-)端子上	

续上表

序号及内容	项 目 名 称	技 术 说 明	注 意 事 项
三、车上检查	2. 检查燃油压力	7)将智能检测仪连接到 DLC3 上	(1)检查和维修燃油系统前,将电缆从蓄电池负极端子上断开。 (2)对燃油系统进行操作时,严禁吸烟或靠近明火。 (3)避免橡胶或皮制零件接触到汽油
		8)Control the Fuel Pump / Speed	
		9)测量燃油压力。燃油压力:304 ~ 343kPa (3.1 ~ 3.5kgf · cm^2, 44.1 ~ 49.7 psi)	
		10)从 DLC3 上断开智能检测仪	
		11)起动发动机	
		12)测量怠速时的燃油压力。燃油压力:304 ~ 343kPa (3.1 ~ 3.5kgf · cm^2, 44.1 ~ 49.7psi)	
		13)关闭发动机	
		14)检查并确认燃油压力在发动机停止后能按规定持续 5min。燃油压力 47kPa (1.5kgf · cm^2, 21psi) 或更高如果燃油压力不符合规定,则检查燃油泵或喷油器	
		15)检查燃油压力后,从蓄电池上负极(-)端子上断开电缆,然后小心地拆下 SST,以防汽油溅出	
		16)将燃油管重新连接到主燃油管上(燃油管连接器)	
		17) 将 1 号燃油管卡夹安装到燃油管连接器上	
		18)检查燃油是否泄漏	
	3. 安装恢复工作	1)拆卸燃油压力表	
		2)连接和紧固燃油管路	
		3)清洁发动机上残余汽油	
四、清洁整理工具	1. 清洁工具		
	2. 恢复/整理车辆及工具		
备注			

燃油系统压力检测 表 2-42

操作人员:__________ 操作人员:__________ 日期:__________ 得分:__________

序号及内容	项 目 名 称	评 分 细 则	分值	得分	原因
一、作业前准备	注意事项(5 分)	1)举升车辆,举升到操作的合适高度,停止举升并锁止	2		
		2)将车辆置于举升位置进行检查	3		

续上表

序号及内容	项 目 名 称	评 分 细 则	分值	得分	原因
二、检查燃油系统表面泄漏	1. 发动机燃油箱检查(10 分)	1)检查发动机燃油箱周边处,用肉眼观察此处的汽油泄漏情况	5		
		2)用干净的纸巾去擦拭被检查部位的表面,检查是否汽油泄漏	5		
	2. 发动机燃油管路(10 分)	1)检查油管和油管的连接部位,用肉眼观察此处的汽油泄漏情况	5		
		2)用干净的纸巾去擦拭被检查部位的表面,检查是否汽油泄漏	5		
	3. 检查喷油器、燃油压力调节器、燃油泵、燃油滤清器(10 分)	1)检查喷油器、燃油压力调节器、燃油泵、燃油滤清器和其连接部位,用肉眼观察此处的汽油泄漏情况	5		
		2)用干净的纸巾去擦拭被检查部位的表面,检查是否汽油泄漏	5		
三、车上检查	1. 检查燃油系统工作情况和燃油是否泄漏(15 分)	1)将智能检测仪连接到 DLC3	2		
		2)将点火开关置于 ON 位置,并接通智能检测仪的主开关	2		
		3)选择以下菜单:Powertrain/Engine/Active Test/Control the Fuel Pump/Speed	5		
		4)从燃油管路中检查燃油进油管中的压力。检查并确认能听到燃油在燃油箱中燃油流动的声音 如果听不到声音,则检查集成继电器、燃油泵、ECM 和配线连接器	3		
		5)进行保养后检查并确认燃油系统任何部位均无燃油泄漏。如果燃油泄漏,必要时维修或更换零件	4		
		6)将点火开关置于 OFF 位置	2		
		7)从 DLC3 上断开智能检测仪	2		
	2. 检查燃油压力(25 分)	1)燃油系统卸压	2		
		2)用电压表测量蓄电池电压	2		
		3)从蓄电池负极(-)端子上断开电缆	1		
		4)从主燃油管上断开燃油软管	2		
		5)用其他 SST 安装 SST(压力表)擦掉任何汽油	1		
		6)将电缆连接到蓄电池负极(-)端子上	1		
		7)将智能检测仪连接到 DLC3 上	1		
		8)Control the Fuel Pump / Speed	2		

续上表

序号及内容	项目名称	评分细则	分值	得分	原因
三、车上检查	2. 检查燃油压力(25分)	9)测量燃油压力。燃油压力:304 ~ 343kPa(3.1 ~ 3.5kgf · cm^2, 44.1 ~ 49.7psi)	2		
		10)从 DLC3 上断开智能检测仪	1		
		11)起动发动机	1		
		12)测量怠速时的燃油压力。燃油压力:304 ~ 343kPa(3.1 ~ 3.5kgf · cm^2, 44.1 ~ 49.7psi)	2		
		13)关闭发动机	1		
		14)检查并确认燃油压力在发动机停止后能按规定持续 5min。燃油压力 47kPa(1.5kgf · cm^2, 21psi)或更高如果燃油压力不符合规定,则检查燃油泵或喷油器	2		
		15)检查燃油压力后,从蓄电池上负极(-)端子上断开电缆,然后小心地拆下 SST,以防汽油溅出	2		
		16)将燃油管重新连接到主燃油管上(燃油管连接器)	2		
		17)将 1 号燃油管卡夹安装到燃油管连接器上	1		
		18)检查燃油是否泄漏	2		
	3. 安装恢复工作(10分)	1)拆卸燃油压力表	3		
		2)连接和紧固燃油管路	5		
		3)清洁发动机上残余汽油	2		
四、7s 管理	5S 清洁整理(10 分)	1)清洁工具,每次 1 分	3		
		2)恢复/整理工具(2 分);扭力扳手归位(1 分)	3		
		3)操作中是否有物体落地或损坏。共 4 分,可倒扣	4		
总分			120		

燃油系统压力检查

表 2-43

观察人员:________ 操作人员:________ 日期:________

序号及内容	项目名称	观察记录	意见建议
一、注意事项	1. 举升车辆,举升到操作的合适高度,停止举升并锁止		
	2. 将车辆置于举升位置进行检查		
二、发动机燃油箱检查	1. 检查发动机燃油箱周边处,用肉眼观察此处的汽油泄漏情况		
	2. 用干净的纸巾去擦拭被检查部位的表面,检查是否汽油泄漏		

续上表

序号及内容	项 目 名 称	观察记录	意见建议
三、发动机燃油管路	1. 检查油管和油管的连接部位,用肉眼观察此处的汽油泄漏情况		
	2. 用干净的纸巾去擦拭被检查部位的表面,检查是否汽油泄漏		
四、检查喷油器、燃油压力调节器、燃油泵、燃油滤清器	1. 检查喷油器、燃油压力调节器、燃油泵、燃油滤清器和它们的连接部位,用肉眼观察此处的汽油泄漏情况		
	2. 用干净的纸巾去擦拭被检查部位的表面,检查是否汽油泄漏		
五、检查燃油系统工作情况和燃油是否泄漏	1. 将智能检测仪连接到 DLC3		
	2. 将点火开关置于 ON 位置,并接通智能检测仪的主开关		
	3. 选择以下菜单:Powertrain / Engine / Active Test / Control the Fuel Pump /Speed		
	4. 从燃油管路中检查燃油进油管中的压力。检查并确认能听到燃油在燃油箱中燃油流动的声音。 如果听不到声音,则检查集成继电器、燃油泵、ECM 和配线连接器		
	5. 进行保养后检查并确认燃油系统任何部位均无燃油泄漏。如果燃油泄漏,必要时维修或更换零件		
	6. 将点火开关置于 OFF 位置		
	7. 从 DLC3 上断开智能检测仪		
六、检查燃油压力	1. 燃油系统卸压		
	2. 用电压表测量蓄电池电压		
	3. 从蓄电池负极(-)端子上断开电缆		
	4. 从主燃油管上断开燃油软管		
	5. 用其他 SST 安装 SST(压力表),擦掉汽油		
	6. 将电缆连接到蓄电池负极(-)端子上		
	7. 将智能检测仪连接到 DLC3 上		
	8. Control the Fuel Pump / Speed		
	9. 测量燃油压力。燃油压力:304 ~ 343kPa		
	10. 从 DLC3 上断开智能检测仪		
	11. 起动发动机		
	12. 测量怠速时的燃油压力。燃油压力:304 ~ 343kPa		
	13. 关闭发动机		
	14. 检查并确认燃油压力在发动机停止后能按规定持续 5min。燃油压力为 47kPa 或更高。如果燃油压力不符合规定,则检查燃油泵或喷油器		

续上表

序号及内容	项 目 名 称	观察记录	意见建议
六、检查燃油压力	15. 检查燃油压力后,从蓄电池上负极(-)端子上断开电缆,然后小心地拆下 SST,以防汽油溅出		
	16. 将燃油管重新连接到主燃油管上(燃油管连接器)		
	17. 将 1 号燃油管卡夹安装到燃油管连接器上		
	18. 检查燃油是否泄漏		
七、安装恢复工作	1. 拆卸燃油压力表		
	2. 连接和紧固燃油管路		
	3. 清洁发动机上残余汽油		
八、清洁整理工具	1. 清洁工具		
	2. 恢复/整理工具		
教师点评			

燃油系统压力检查 表 2-44

操作人员:____________ 日期:____________

序号及内容	项 目 名 称	操作结果记录	操作数据记录
一、注意事项	1. 举升车辆,举升到操作的合适高度,停止举升并锁止		
	2. 将车辆置于举升位置进行检查		
二、发动机燃油箱检查	1. 检查发动机燃油箱周边处,用肉眼观察此处的汽油泄漏情况		
	2. 用干净的纸巾去擦拭被检查部位的表面,检查是否汽油泄漏		
三、发动机燃油管路	1. 检查油管和油管的连接部位,用肉眼观察此处的汽油泄漏情况,		
	2. 用干净的纸巾去擦拭被检查部位的表面,检查是否汽油泄漏		
四、检查喷油器、燃油压力调节器、燃油泵、燃油滤清器	1. 检查喷油器、燃油压力调节器、燃油泵、燃油滤清器和它们的连接部位,用肉眼观察此处的汽油泄漏情况		
	2. 用干净的纸巾去擦拭被检查部位的表面,检查是否汽油泄漏		
五、检查燃油系统工作情况和燃油是否泄漏	1. 将智能检测仪连接到 DLC3		
	2. 将点火开关置于 ON 位置,并接通智能检测仪的主开关		
	3. 选择以下菜单:Powertrain / Engine / Active Test / Control the Fuel Pump /Speed		

续上表

序号及内容	项 目 名 称	观察记录	意见建议
五、检查燃油系统工作情况和燃油是否泄漏	4. 从燃油管路中检查燃油进油管中的压力。检查并确认能听到燃油在燃油箱中燃油流动的声音。 如果听不到声音,则检查集成继电器、燃油泵、ECM 和配线连接器		
	5. 进行维护后检查并确认燃油系统任何部位均无燃油泄漏。如果燃油泄漏,必要时维修或更换零件		
	6. 将点火开关置于 OFF 位置		
	7. 从 DLC3 上断开智能检测仪		
六、检查燃油压力	1. 燃油系统卸压		
	2. 用电压表测量蓄电池电压		
	3. 从蓄电池负极(－)端子上断开电缆		
	4. 从主燃油管上断开燃油软管		
	5. 用其他 SST 安装 SST(压力表)擦掉任何汽油		
	6. 将电缆连接到蓄电池负极(－)端子上		
	7. 将智能检测仪连接到 DLC3 上		
	8. Control the Fuel Pump / Speed		
	9. 测量燃油压力。燃油压力:304～343kPa		
	10. 从 DLC3 上断开智能检测仪		
	11. 起动发动机		
	12. 测量怠速时的燃油压力。燃油压力:304～343kPa		
	13. 关闭发动机		
	14. 检查并确认燃油压力在发动机停止后能按规定持续 5min。燃油压力 47kPa 或更高如果燃油压力不符合规定,则检查燃油泵或喷油器		
	15. 检查燃油压力后,从蓄电池上负极(－)端子上断开电缆,然后小心地拆下 SST,以防汽油溅出		
	16. 将燃油管重新连接到主燃油管上(燃油管连接器)		
	17. 将 1 号燃油管卡夹安装到燃油管连接器上		
	18. 检查燃油是否泄漏		
七、安装恢复工作	1. 拆卸燃油压力表		
	2. 连接和紧固燃油管路		
	3. 清洁发动机上残余汽油		
八、清洁整理工具	1. 清洁工具		
	2. 恢复/整理工具		
教师点评			

第四节　空气供给系统

一、进排气系统泄漏检查(表 2-45 ~ 表 2-48)

进排气系统泄漏检查作业流程表　　表 2-45

操作人员:____________　　日期:____________

序号及内容	项目名称	技术说明	注意事项
一、前期准备和起动前的检查	参见相关内容		
二、拆除 2 号发动机盖罩	参见相关内容		
三、静态外观检查	1. 发动机运转前进气系统外观的泄漏检查	1)检查并按捏空气滤清器软管总成、通风软管、制动助力器真空软管、PCV 阀软管表面有无龟裂、老化、断裂等现象	(1)检查时应防止检查部位附近的线束和部件被无意损坏。 (2)检查进气系统各连接软管时,切勿用力过大,以防软管人为损坏
		2)上述各连接软管的卡箍位置是否正确、卡箍是否完好,是否存在松动现象	
		3)检查进气歧管有无裂纹、破损	
		4)用手电筒检查节气门体衬垫处、进气歧管衬垫处是否有破损泄漏现象	
		5)确认泄漏点,并加以标注记录(特例)	
	2. 发动机运转前排气系统外观的状态检查	1)检查并确认排气歧管衬垫处、前排气管总成及衬垫、前氧传感器连接处等各点(排气管连接部分和传感器安装位置)是否有废气泄漏痕迹	在检查排气系统泄漏状况时,必须戴手套和护目镜
		2)举升车辆(参见相关内容)	
		3)检查并确认前排气管总成、后氧传感器连接处等各点、中央排气管总成及前后衬垫、排气尾管总成是否有排气泄漏痕迹	
		4)确认泄漏点,并加以标注记录(特例)	
四、动态外观泄漏检查	1. 发动机运转时进气系统的泄漏检查	1)起动发动机,保持怠速运转	检查时注意防止烫伤和触及旋转部件
		2)以"发动机运转前进气系统外观的泄漏检查"项的同样方式对进气系统进行检查	
		3)采用仔细倾听和手感检查相结合的方法对进气系统相关零件的接合密封部位进行检查。如果存在吸气现象,则在漏气部位加以标注记录	
		4)关闭点火开关,使发动机熄火	

续上表

<table>
<tr><th>序号及内容</th><th>项目名称</th><th>技术说明</th><th>注意事项</th></tr>
<tr><td rowspan="6">四、动态外观泄漏检查</td><td rowspan="6">2. 发动机运转时排气系统的泄漏检查</td><td>1)起动发动机,保持怠速运转</td><td rowspan="6">(1)检查过程中必须佩戴保护手套、护目镜。
(2)检查时双手应与排气系统保持一定距离。注意防止烫伤和触及旋转部件。
(3)如果存在排气泄漏,而且佩戴的保护手套会明显感到冲击,该部位就应是泄漏点</td></tr>
<tr><td>2)检查并确认排气歧管衬垫处、前排气管总成及衬垫、前氧传感器连接处等各点(排气管连接部分和传感器安装位置)是否有排气泄漏现象</td></tr>
<tr><td>3)举升车辆(参见相关内容)</td></tr>
<tr><td>4)以"发动机运转前排气系统外观的泄漏检查"项的同样方式对排气系统进行检查</td></tr>
<tr><td>5)采用仔细倾听和手感检查相结合的方法对排气系统接合密封部位进行检查。如果存在泄漏现象,则在漏气部位加以标注记录</td></tr>
<tr><td>6)关闭点火开关,使发动机熄火</td></tr>
<tr><td>五、安装附属设施</td><td>参见相关内容</td><td></td><td></td></tr>
<tr><td>六、车辆复原</td><td>参见相关内容</td><td></td><td></td></tr>
<tr><td rowspan="2">七、清洁整理工具</td><td>1. 清洁工具</td><td>清洁</td><td></td></tr>
<tr><td>2. 恢复/整理</td><td>整理</td><td></td></tr>
<tr><td>备注</td><td colspan="3"></td></tr>
</table>

进排气系统泄漏检查评分表　　表 2-46

操作人员:________　操作人员:________　日期:________　得分:________

<table>
<tr><th>序号</th><th>项　目</th><th>评分细则</th><th>分值</th><th>得分</th><th>原因</th></tr>
<tr><td>一</td><td>前期准备和起动前的检查(15 分)</td><td>参见相关内容</td><td>15</td><td></td><td></td></tr>
<tr><td>二</td><td>拆除 2 号发动机盖罩(10 分)</td><td>参见相关内容</td><td>10</td><td></td><td></td></tr>
<tr><td rowspan="2">三</td><td rowspan="2">静态外观检查(10 分)</td><td>1. 发动机运转前进气系统外观的泄漏检查</td><td>5</td><td></td><td></td></tr>
<tr><td>2. 发动机运转前排气系统外观的状态检查</td><td>5</td><td></td><td></td></tr>
<tr><td rowspan="2">四</td><td rowspan="2">动态外观泄漏检查(20 分)</td><td>1. 发动机运转时进气系统的泄漏检查</td><td>10</td><td></td><td></td></tr>
<tr><td>2. 发动机运转时排气系统的泄漏检查</td><td>10</td><td></td><td></td></tr>
<tr><td>五</td><td>安装附属设施(15 分)</td><td>参见相关内容</td><td>15</td><td></td><td></td></tr>
<tr><td>六</td><td>车辆复原(20 分)</td><td>参见相关内容</td><td>20</td><td></td><td></td></tr>
<tr><td rowspan="3">七</td><td rowspan="3">5S 清洁整理(10 分)</td><td>1. 清洁工具,每次 1 分</td><td>3</td><td></td><td></td></tr>
<tr><td>2. 恢复/整理</td><td>3</td><td></td><td></td></tr>
<tr><td>3. 操作中是否有物体落地或损坏。共 4 分,可倒扣</td><td>4</td><td></td><td></td></tr>
<tr><td colspan="3">总　　分</td><td>100</td><td></td><td></td></tr>
</table>

进排气系统泄漏检查观察表

表 2-47

观察人员:____________　　操作人员:____________　　日期:____________

序号及内容	项 目 名 称	观察记录	意见建议
一、前期准备和起动前的检查	参见相关内容		
二、拆除 2 号发动机盖罩	参见相关内容		
三、静态外观检查	1. 发动机运转前进气系统外观的泄漏检查		
	2. 发动机运转前排气系统外观的状态检查		
四、动态外观泄漏检查	1. 发动机运转时进气系统的泄漏检查		
	2. 发动机运转时排气系统的泄漏检查		
五、安装附属设施	参见相关内容		
六、车辆复原	参见相关内容		
七、清洁整理工具	1. 清洁工具		
	2. 恢复/整理		
教师点评			

进排气系统泄漏检查操作工艺单

表 2-48

操作人员:____________　　日期:____________

序号及内容	项 目 名 称	操作结果记录	操作数据记录
一、前期准备和起动前的检查	参见相关内容		
二、拆除 2 号发动机盖罩	参见相关内容		
三、静态外观检查	1. 发动机运转前进气系统外观的泄漏检查		
	2. 发动机运转前排气系统外观的状态检查		
四、动态外观泄漏检查	1. 发动机运转时进气系统的泄漏检查		
	2. 发动机运转时排气系统的泄漏检查		
五、安装附属设施	参见相关内容		
六、车辆复原	参见相关内容		
七、清洁整理工具	1. 清洁工具		
	2. 恢复/整理		
备注说明			

二、清洁与更换空气滤清器(表2-49～表2-52)

清洁与更换空气滤清器作业流程表　　　　表2-49

操作人员:____________　　　　日期:____________

<table>
<tr><th>序号及内容</th><th>项 目 名 称</th><th>技 术 说 明</th><th>注 意 事 项</th></tr>
<tr><td rowspan="8">一、拆卸空气滤清器</td><td>1. 取下发动机盖罩</td><td>先提起发动机罩前端,再提起起发动机罩后端,取下发动机盖罩,放置在零件车第二层</td><td>放置时发动机盖罩面要朝上</td></tr>
<tr><td rowspan="2">2. 断开空气流量计线束连接器</td><td>1)按下空气流量计线束连接器锁舌,将空气流量计线束连接器向外拔出</td><td rowspan="2">拆下空气流量计连接器线束固定卡扣时应小心操作,防止损坏空气流量计连接器线束固定卡扣</td></tr>
<tr><td>2)使用卡扣拆卸专用工具拆下空气流量计连接器线束固定卡扣</td></tr>
<tr><td>3. 拆卸空气滤清器盖固定卡扣</td><td>用手打开空气滤清器盖上的2个卡扣</td><td>注意工具的规范化操作</td></tr>
<tr><td>4. 拧松节气门与进气管连接端卡箍带紧固螺栓</td><td>使用10mm套筒、短接杆、棘轮扳手组合工具拧松节气门与进气管连接端卡箍带紧固螺栓</td><td>注意工具的规范化操作</td></tr>
<tr><td>5. 取下通风软管</td><td>用手松开气门室罩盖通风软管固定卡箍,拔下气门室罩盖通风软管</td><td>拔下气门室罩盖通风软管后,要用胶带或专用罩将气门室通风口封住</td></tr>
<tr><td>6. 取下空气滤清器盖分总成</td><td>用手取下空气滤清器盖分总成放置零件车第一层</td><td>取下空气滤清器盖分总成后,要用胶带或专用罩将节气门进气口封住</td></tr>
<tr><td>7. 取出空气滤清器滤芯</td><td>双手从空气滤清器下壳体中平稳取出空气滤清器滤芯</td><td>注意规范化操作</td></tr>
<tr><td rowspan="4">二、清洁空气滤清器</td><td rowspan="2">1. 使用干净棉纱布擦拭滤清器盖及下壳体内壁</td><td>1)使用干净棉纱擦拭滤清器盖及下体内壁,将尘土等清除,棉纱不要沾有水、油等,轻轻擦拭滤清器盖及下体内壁</td><td rowspan="2">检查中如果看不清楚,可借用手电筒</td></tr>
<tr><td>2)用高压气枪吹净滤清器盖及下壳体</td></tr>
<tr><td rowspan="2">2. 使用吹气枪吹拂滤芯</td><td rowspan="2">使用吹气枪按照与滤芯工作时空气流动相反方向吹拂滤芯,将滤芯上吸附的沙尘吹净</td><td>(1)使用吹气枪吹拂滤芯时,不要面对人操作</td></tr>
<tr><td>(2)工具放入时要小心,不能碰撞缸壁</td></tr>
<tr><td rowspan="2">三、检查空气滤清器</td><td>1. 检查空气滤芯</td><td>若已经达到使用里程或没到里程空气滤清器污损,更换新滤芯</td><td>检查时要小心</td></tr>
<tr><td>2. 检查空气滤清器上、下壳体是否有裂纹、变形和破损</td><td>目视检查空气滤清器上壳体是否有裂纹、变形和破损;检查空气滤清器下壳体上的两个卡扣是否有变形、脱落。如有应及时更换</td><td>检查时要小心</td></tr>
</table>

续上表

序号及内容	项目名称	技术说明	注意事项
三、检查空气滤清器	3. 检查空气滤清器上、下壳体是否有裂纹、变形和破损	检查进气软管是否有破损、老化。若进气软管有破损,应修复或更换	检查时要小心
	4. 检查进气软管是否有破损、老化	检查进气软管是否有破损、老化。若进气软管有破损,应修复或更换	检查时要小心
四、安装空气滤清器	1. 安装空气滤清器芯	将空气滤清器芯安放入滤清器壳下体,空气滤清器芯的安装方向要正确,有标识的一面应朝上。安装后保证滤芯的周边承面与壳体的承接面应均匀接触	安装过程中,手不可触碰到空气滤清器芯表面
	2. 安装通风软管	拆除通风软管防护措施,插接通风软管,并卡紧卡箍	必须安装到位
	3. 安装进气软管	拆除节气门防护措施,插接好进气管,使用10mm套筒、短接杆、棘轮扳手组合工具拧紧进气管卡箍	必须安装到位
	4. 卡紧空气滤清器盖上的两个卡扣	将滤清器盖与下壳体对正扣合,然后把卡扣的浮动端搭在滤清器盖的凹槽内,按下卡箍	(1)不要用其他工具去卡紧 (2)安装时要小心
	5. 检查进气软管两端接口处是否连接可靠	检查进气软管两端接口处是否连接可靠。若出现松脱,应使用工具紧固卡箍	必须安装到位
	6. 连接空气流量计线束连接器	安装空气流量计连接器线束固定卡扣,插接空气流量计线束连接器,确保连接器锁止可靠	必须安装到位
	7. 安装发动机盖罩	安装发动机盖罩,双手握住发动机盖罩对正位置,依次按下前后端	必须安装到位
五、清洁整理工具	1. 清洁工具	清洁	
	2. 恢复/整理	整理	
备注			

清洁与更换空气滤清器评分表　　表 2-50

操作人员:__________ 操作人员:__________ 日期:__________ 得分:__________

序号	项目名称	评分细则	分值	得分	原因
一	拆卸空气滤清器(28分)	1. 取下发动机盖罩	4		
		2. 断开空气流量计线束连接器	4		

续上表

序号	项 目 名 称	评 分 细 则	分值	得分	原因
一	拆卸空气滤清器（28分）	3. 拆卸空气滤清器盖固定卡扣	4		
		4. 拧松节气门与进气管连接端卡箍带紧固螺栓	4		
		5. 取下通风软管	4		
		6. 取下空气滤清器盖分总成	4		
		7. 取出空气滤清器滤芯	4		
二	清洁空气滤清器（12分）	1. 使用干净棉纱布擦拭滤清器盖及下壳体内壁	6		
		2. 使用吹气枪吹拂滤芯	6		
三	检查空气滤清器（20分）	1. 检查空气滤芯	5		
		2. 检查空气滤清器上、下壳体是否有裂纹、变形和破损	5		
		3. 检查空气滤清器上、下壳体是否有裂纹、变形和破损	5		
		4. 检查进气软管是否有破损、老化	5		
四	安装空气滤清器（30分）	1. 安装空气滤清器芯	5		
		2. 安装通风软管	5		
		3. 安装进气软管	5		
		4. 卡紧空气滤清器盖上的两个卡扣	5		
		5. 检查进气软管两端接口处是否连接可靠	3		
		6. 连接空气流量计线束连接器	5		
		7. 安装发动机盖罩	2		
五	5S 清洁整理(10 分)	1. 清洁工具，每次 1 分	3		
		2. 恢复/整理工具(2 分)；扭力扳手归位(1 分)	3		
		3. 操作中是否有物体落地或损坏(共 4 分，可倒扣)	4		
总　　分			100		

清洁与更换空气滤清器观察表　　表 2-51

观察人员：__________　　操作人员：__________　　日期：__________

序号及内容	项 目 名 称	操作结果记录	操作数据记录
一、拆卸空气滤清器	1. 取下发动机盖罩		
	2. 断开空气流量计线束连接器		
	3. 拆卸空气滤清器盖固定卡扣		
	4. 拧松节气门与进气管连接端卡箍带紧固螺栓		
	5. 取下通风软管		
	6. 取下空气滤清器盖分总成		
	7. 取出空气滤清器滤芯		
二、清洁空气滤清器	1. 使用干净棉纱布擦拭滤清器盖及下壳体内壁		
	2. 使用吹气枪吹拂滤芯		

续上表

序号及内容	项 目 名 称	操作结果记录	操作数据记录
三、检查空气滤清器	1. 检查空气滤芯		
	2. 检查空气滤清器上、下壳体是否有裂纹、变形和破损		
	3. 检查空气滤清器上、下壳体是否有裂纹、变形和破损		
	4. 检查进气软管是否有破损、老化		
四、安装空气滤清器	1. 安装空气滤清器芯		
	2. 安装通风软管		
	3. 安装进气软管		
	4. 卡紧空气滤清器盖上的两个卡扣		
	5. 检查进气软管两端接口处是否连接可靠		
	6. 连接空气流量计线束连接器		
	7. 安装发动机盖罩		
五、清洁整理工具	1. 清洁工具		
	2. 恢复/整理工具		
教师点评			

清洁与更换空气滤清器工艺单 表 2-52

操作人员:____________ 日期:____________

序号及内容	项 目 名 称	操作结果记录	操作数据记录
一、拆卸空气滤清器	1. 取下发动机盖罩		
	2. 断开空气流量计线束连接器		
	3. 拆卸空气滤清器盖固定卡扣		
	4. 拧松节气门与进气管连接端卡箍带紧固螺栓		
	5. 取下通风软管		
	6. 取下空气滤清器盖分总成		
	7. 取出空气滤清器滤芯		
二、清洁空气滤清器	1. 使用干净棉纱布擦拭滤清器盖及下壳体内壁		
	2. 使用吹气枪吹拂滤芯		
三、检查空气滤清器	1. 检查空气滤芯		
	2. 检查空气滤清器上、下壳体是否有裂纹、变形和破损		
	3. 检查空气滤清器上、下壳体是否有裂纹、变形和破损		
	4. 检查进气软管是否有破损、老化		

续上表

序号及内容	项 目 名 称	操作结果记录	操作数据记录
四、安装空气滤清器	1. 安装空气滤清器芯		
	2. 安装通风软管		
	3. 安装进气软管		
	4. 卡紧空气滤清器盖上的两个卡扣		
	5. 检查进气软管两端接口处是否连接可靠		
	6. 连接空气流量计线束连接器		
	7. 安装发动机盖罩		
五、清洁整理工具	1. 清洁工具		
	2. 恢复/整理工具		
备注说明			

第五节　润滑系统

一、更换机油及机油滤清器(表 2-53 ~ 表 2-56)

更换机油及机油滤清器作业流程表　　表 2-53

操作人员:____________　　日期:____________

序号及内容	项 目 名 称	技 术 说 明	注 意 事 项
一、起动前检查	1. 发动机舱油位、液位检查	检查检查发动机冷却液液位、检查制动液液位,检查发动机机油油位和机油品质	(1)确保所检查的油位、液位在正常的刻度范围内,如有不正常,则需要对其进行添加
			(2)在检查机油油位时,机油尺沿水平向下方向45°左右且顶端放在纱布上面,读取机油液位
	2. 起动前安全检查	进入驾驶室、将点火开关置于 ON 位置	挡杆处于驻车挡位置、驻车制动器处于制动
	3. 起动发动机暖机	起动发动机,保持怠速运行,并打开暖风开关至最高挡位进行暖机	暖机过程要观察仪表板水温表,当水温上升至正常温度(80 ~ 93℃),关闭发动机
二、检查机油油位及品质	1. 机油油位检查	熄火后等待 5min,拔出机油尺,用布清洁干净,插回到机油尺孔中,再次拔出机油尺进行检查。检查时,机油尺沿水平向下方向45°左右且顶端放在纱布上面,水平目视检查机油液位是否在油位计的低油位和满油位标记之间	

续上表

序号及内容	项 目 名 称	技 术 说 明	注 意 事 项
二、检查机油油位及品质	2. 机油品质检查	拔出机油尺,滴一滴机油在白纸上,检查机油是否变质、变色或变稀,以及油中有杂物	检查机油时,机油不要滴落到车上或地上,如有则进行清洁
三、排放机油	1. 打开发动机机油加注口盖	用手拧开发动机机油加注口盖,拧松后取下机油加注口盖,清洁并检查机油加注口盖的密封圈及螺纹有无老化、损坏,如有则更换。检查完将机油加注口盖放回机油加注口,无需拧上	
	2. 举升车辆	按下举升按钮举升车辆,升到操作的合适高度停止举升并锁止	在举升之前检查车辆四周无人员、举升机支架与车辆支承位置放好、车辆中心对正无偏斜、车辆无负重
	3. 准备好机油收集器	将机油收集器推到发动机油底壳放油螺塞下方,调整接收盆的高度到合适高度	要考虑机油泻出时的距离
	4. 排放机油	首先清洁放油螺塞处。然后选用14mm套筒和棘轮扳手将放油螺塞拧松,用手缓慢将放油螺塞旋出来,目视螺纹处开始有机油渗漏、螺纹有松旷感觉时,用手轻轻压住螺栓,迅速旋转并移开螺栓,开始排放机油	(1)热机后的发动机,机油还保持一定的温度,排放时必须佩戴防护手套,以使机油不要流到手上造成烫伤
			(2)废机油中含有多种有害物质,不要长时间接触
			(3)手上接触废机油时,一定要及时用肥皂和水清洗,或用免水型洗手剂清洗手上的机油
			(4)排放机油时,要排放干净。何为干净
			(5)将废弃的机油按照环保要求妥善处理
	5. 安装发动机油底壳放油螺塞	先清洁螺纹孔处并检查放油螺塞,如有损坏则更换放油螺塞。安装前先更换密封垫垫,接着安装放油螺塞,先用手带上扭紧,最后使用扭力扳手及套筒以37N·m的扭矩紧固	
	6. 清洁放油螺塞处的油污	选用干净的布清洁发动机油底壳放油螺塞处油污	
四、拆卸机油滤清器	1. 拆卸机油滤清器	把机油收集器移到机油滤清器正下方,选用机油滤清器拆卸专用工具和扳手及加长杆,拧松机油滤清器,松动后取下专用工具及扳手;然后用手将机油滤清器旋出来,放置在专用的环保桶里	(1)拆卸机油滤清器时,必须佩戴防护手套
			(2)操作时注意机油不要流到手上,以免烫伤手

续上表

序号及内容	项目名称	技术说明	注意事项
五、安装机油滤清器	1. 检查并清洁机油滤清器底座	用干净的布清洁机油滤清器底座上的油污。检查旧滤芯的密封圈是否留在发动机上	不能使用棉丝清洁滤清器底座
	2. 更换机油滤清器	拿取符合规定的新机油滤清器，并在新机油滤清器的密封圈上涂抹一层干净的发动机机油	检查密封圈是否有损伤、变形
	3. 安装新的机油滤清器	将新的机油滤清器安装到机油滤清器底座上	安装时，要对好螺纹并用手轻轻地旋转入扣，直到衬垫开始接触机油滤清器底座为止
	4. 紧固机油滤清器	选用机油滤清器专用工具，扳手及加长杆以18N·m的力矩紧固机油滤清器	紧固机油滤清器时，如果没有足够的空间使用扭力扳手，则可用手和棘轮将机油滤清器紧固3/4圈
	5. 清洁机油滤清器	选用干净的布清洁机油滤清器安装位置处的油污	
	6. 机油收集器归位	把机油收集器推放到原先工位	
	7. 降下车辆	降下车辆至地面	车辆降下前要检查车辆四周无人员
六、添加发动机机油	1. 选择合适的机油	根据车辆使用环境和厂方规定，选择符合机油粘度及机油等级要求的机油	
	2. 加注新的发动机机油	更换机油滤清器后的标准加注量约4.2L。机油加注完成后，旋紧机油加注口盖	注意油桶的倾斜角度和漏斗位置的问题，防止机油流出不稳定，注意以机油尺油位为准，加注后要用机油尺检查
七、检查机油是否泄漏	1. 发动机暖机	起动发动机暖机，机油指示灯熄灭，水温上升至正常温度，熄火后等几分钟后还要检查机油尺油位	(1)发动机怠中速、高速运转，然后将发动机熄火
			(2)发动机热机后，操作时注意不要烫伤
	2. 举升车辆	按下举升按钮举升车辆，升到操作的合适高度停止举升并锁止	在举升前要检查车辆四周有无人员，举升机支架与车辆支承位置是否放好；车辆中心是否对正无偏斜、车辆无负重
	3. 机油泄漏检查	1)目视检查油底壳放油螺塞处及机油滤清器与底座结合处，有无渗漏	操作时注意不要被烫伤
		2)然后使用干净的布再检查油底壳放油螺塞结合处、机油滤清器与底座结合处有无机油泄漏	操作时注意不要被烫伤

续上表

序号及内容	项目名称	技术说明	注意事项
七、检查机油是否泄漏	4.降下车辆	降下车辆至地面	车辆降下前要检查车辆四周无人员
	5.起动发动机暖机	起动发动机,保持怠速运行,并打开暖风开关至最高挡位进行暖机(不必要)。暖机过程要观察仪表板水温表,当水温上升至正常温度(80~93℃),关闭发动机	
	6.检查发动机机油液位	暖机熄火后等待5min,拔出机油尺,用布清洁干净,插回到机油尺孔中,再次拔出机油尺进行检查。检查时,机油尺沿水平向下方向45°左右且顶端放在纱布上面,水平目视检查机油液位是否在油位计的低油位和满油位标记之间。检查完把机油尺插回机油尺孔中	(1)检查时,注意机油不要滴落到发动机和地面上,如有,则必须马上清洁
			(2)检查时,如液位低于规定范围,则必须添加到规定范围
			(3)检查时,如液位高于规定范围,则必须抽出来,直到液位在规定范围内
八、清洁整理工具	1.清洁工具	清洁	
	2.恢复/整理工具	举升机复位、扭力扳手归零	
备注			

更换机油及机油滤清器评分表 表2-54

操作人员:__________ 操作人员:__________ 日期:__________ 得分:__________

序号	项目名称	评分细则	分值	得分	原因
一	起动前检查(10分)	1.发动机舱油位、液位检查方法动作正确每项1分	5		
		2.起动前安全检查挡位、驻车制动器、ON位置	3		
		3.起动发动机暖机方法正确	2		
二	检查机油油位及品质(5分)	1.机油油位检查方法正确	3		
		2.机油品质检查方法与结果正确	2		
三	排放机油(20分)	1.打开发动机机油加注口盖(1分);检查机油加注口盖(1分);机油加注口盖放置位置正确(2分)	4		
		2.举升车辆操作方法正确(2分);举升高度合适(1分)	3		
		3.机油收集器放位置正确(1分);高度正确(1分)	2		
		4.清洁放油螺塞(1分);用正确工具松螺栓(1分);用手轻轻旋出(1分);手碰到油(1分);滴落油(2分);螺栓或垫片掉落(2分)	8		
		5.更换垫片(1分);安装放油螺塞工具选用正确(1分)	2		
		6.清洁放油螺塞处的油污	1		

续上表

序号	项目名称	评分细则	分值	得分	原因
四	拆卸机油滤清器(10分)	机油桶位置正确(1分);专用工具选用正确(1分);专用工具旋松动作正确(1分);手碰到油(1分);机油滤清器掉落(2分);滴落油(2分);机油滤清器放位置正确(2分)	10		
五	安装机油滤清器(20分)	1. 清洁机油滤清器底座(1分);检查机油滤清器座(1分)	2		
		2. 更换机油滤清器型号正确(2分);涂抹新机油正确(2分)	4		
		3. 用手安装新的机油滤清器方法正确(2分);掉落(2分)	4		
		4. 紧固机油滤清器工具选用正确(1分);紧固方法正确(2分)	3		
		5. 清洁机油滤清器(1分);滴落油(2分)	3		
		6. 机油收集器归位(2分)	2		
		7. 降下车辆操作正确(1分);位置到位(1分)	2		
六	添加发动机机油(10分)	1. 选择合适的机油(3分)	3		
		2. 加注时加注量正确(3分);加注时机油滴落(2分);机油盖没盖(1分);没有清洁(1分)	7		
七	检查机油是否泄漏(18分)	1. 发动机暖机操作方法正确(1分);满足暖机要求(2分)	3		
		2. 举升车辆操作正确(1分);位置正确(1分)	2		
		3. 机油泄漏检查油底与排放塞处(2分);机油滤清器与座位置是否泄漏(2分);没有清洁地面(2分)	6		
		4. 降下车辆手碰油	2		
		5. 起动发动机暖机手碰油	3		
		6. 检查发动机机油液位方法正确,操作正确	2		
八	清洁整理工(7分)	1. 清洁工具	3		
		2. 恢复/整理工具	4		
总分			100		

更换机油及机油滤清器观察表　　表 2-55

观察人员:____________　　操作人员:____________　　日期:____________

序号及内容	项目名称	观察记录	意见建议
一、起动前检查	1. 发动机舱油位、液位检查		
	2. 起动前安全检查		
	3. 起动发动机暖机		
二、检查机油油位及品质	1. 机油油位检查		
	2. 机油品质检查		

续上表

序号及内容	项 目 名 称	观察记录	意见建议
三、排放机油	1. 打开发动机机油加注口盖		
	2. 举升车辆		
	3. 准备好机油收集器		
	4. 排放机油		
	5. 安装发动机油底壳放油螺塞		
	6. 清理放油螺塞处的油污		
四、拆卸机油滤清器	拆卸机油滤清器		
五、安装机油滤清器	1. 检查并清洁机油滤清器底座		
	2. 更换机油滤清器		
	3. 安装新的机油滤清器		
	4. 紧固机油滤清器		
	5. 清洁机油滤清器		
	6. 使机油收集器归位		
	7. 降下车辆		
六、添加发动机机油	1. 选择合适的机油		
	2. 加注新的发动机机油		
七、检查机油是否泄漏	1. 发动机暖机		
	2. 举升车辆		
	3. 机油泄漏检查		
	4. 降下车辆		
	5. 起动发动机暖机		
	6. 检查发动机机油液位		
八、清洁整理工具	1. 清洁工具		
	2. 恢复/整理工具		
教师点评			

更换机油及机油滤清器工艺单 表 2-56

操作人员:__________ 日期:__________

序号及内容	项 目 名 称	操作结果记录	操作数据记录
一、起动前检查	1. 发动机舱油位、液位检查		
	2. 起动前安全检查		
	3. 起动发动机暖机		
二、检查机油油位及品质	1. 机油油位检查		
	2. 机油品质检查		

续上表

序号及内容	项 目 名 称	操作结果记录	操作数据记录
三、排放机油	1. 打开发动机机油加注口盖		
	2. 举升车辆		
	3. 准备好机油收集器		
	4. 排放机油		
	5. 安装发动机油底壳放油螺塞		
	6. 清理放油螺塞处的油污		
四、拆卸机油滤清器	拆卸机油滤清器		
五、安装机油滤清器	1. 检查并清洁机油滤清器底座		
	2. 更换机油滤清器		
	3. 安装新的机油滤清器		
	4. 紧固机油滤清器		
	5. 清洁机油滤清器		
	6. 使机油收集器归位		
	7. 降下车辆		
六、添加发动机机油	1. 选择合适的机油		
	2. 加注新的发动机机油		
七、检查机油是否泄漏	1. 发动机暖机		
	2. 举升车辆		
	3. 机油泄漏检查		
	4. 降下车辆		
	5. 起动发动机暖机		
	6. 检查发动机机油液位		
八、清洁整理工具	1. 清洁工具		
	2. 恢复/整理工具		
备注说明			

二、发动机润滑系统渗漏检测(表2-57～表2-60)

发动机润滑系统渗漏检测流程表　　表2-57

操作人员:____________　　日期:____________

序号及内容	项 目 名 称	技 术 说 明	注 意 事 项
一、起动前检查	1. 发动机舱油位、液位等检查	1)检查发动机冷却液液位	(1)确保所检查的油位、液位和电压应在正常的范围内,如有不正常,则需要对其进行添加和充电。 (2)在检查机油油位时,机油尺水平向下方向45°左右且下端放在纱布上面,读取机油液位
		2)检查制动液液位	
		3)蓄电池电压	
		4)检查发动机机油油位、和机油品质	

续上表

序号及内容	项 目 名 称	技 术 说 明	注 意 事 项
一、起动前检查	2.起动前安全检查	进入驾驶室、将点火开关置于ON位置	确保换挡杆处于驻车挡位置、驻车制动器处于制动（拉起）状态
	3.起动发动机暖机	起动发动机，保持怠速运行一定时间；然后提高发动机转速，使水温上升至正常温度（80～93℃）	车轮用三角木塞住
二、渗漏检查	1.发动机上部机油渗漏检查	1）目视检查发动机盖罩表面有无机油渗漏	（1）若机油渗漏不明显，先清洁被检查部位表面。 （2）提高发动机转速，运行一定时间后熄火。用干净的纸巾擦拭待检查部位的表面，如纸巾上有油渍，说明该部位存在渗漏。 （3）检查时应小心旁边的线束和部件，防止污物和油渍洒落地面。 （4）若手上沾上废机油，一定要及时用肥皂和水清洗，或用免水型洗手剂清洗。 （5）检查过程应始终佩戴保护手套
		2）目视检查汽缸盖罩衬垫周边、机油加注口及盖处有无机油渗漏	
		3）目视检查凸轮轴正时机油控制阀处、凸轮轴位置传感器处有无机油渗漏	
		4）目视检查正时链条盖上部有无机油渗漏	
	2.举升车辆	在发动机怠速下按下举升按钮举升车辆，升到操作的合适高度，停止举升并锁止	在举升之前要检查车辆四周有无人员；检查举升机支架与车辆支承位置是否放好；检查车辆中心是否对正无偏斜、检查车辆无负重
	3.发动机下部机油渗漏检查	1）目视检查发动机缸体表面有无机油渗漏	（1）若机油渗漏不明显，先清洁被检查部位表面。 （2）提高发动机转速，运行一定时间后熄火。用干净的纸巾擦拭待检查部位的表面，如纸巾上有油渍，说明该部位存在渗漏。 （3）检查时应小心旁边的线束和部件，防止污物和油渍洒落地面。 （4）若手上沾上废机油，一定要及时用肥皂和水清洗，或用免水型洗手剂清洗。 （5）检查过程应始终佩戴保护手套
		2）目视检查发动机机油压力传感器处有无机油渗漏	
		3）目视检查发动机缸体位置传感器处有无机油渗漏	
		4）目视检查发动机机油滤清器处有无机油渗漏	
		5）目视检查发动机PCV阀接口处有无机油渗漏	
		6）目视检查发动机曲轴后油封有无机油渗漏	
		7）目视检查发动机正时链条盖表面、正时链条盖油封和正时链条密封衬垫处有无机油渗漏	
		8）目视检查发动机油底壳表面、油底壳密封衬垫处、油底壳放油螺塞处有无机油渗漏	
		9）目视检查油尺管在发动机油底壳安装处有无机油渗漏	
	4.降下车辆	降下车辆至地面	车辆降下前要检查车辆四周有无人员

续上表

序号及内容	项目名称	技术说明	注意事项
三、清洁整理工具	1. 清洁工具	清洁	
	2. 恢复/整理工具	工具归位	
备注			

发动机润滑系统渗漏检测评分表　　表 2-58

操作人员:____________　　日期:____________　　得分:____________

序号及内容	项目名称	评分细则 (动作不规范,检查不合格每次扣 2 分)	分值	得分	扣分原因
一、起动前检查	1. 发动机舱油位、液位等检查(16 分)	1)检查发动机冷却液液位,检查是否到位、合理	4		
		2)检查制动液液位,检查是否到位、合理	4		
		3)蓄电池电压,选用仪表是否合理、测量是否准确	3		
		4)检查发动机机油油位和机油品质,检查是否到位、合理	5		
	2. 起动前安全检查(5 分)	进入驾驶室、将点火开关置于 ON 位置,操作是否合理	5		
	3. 起动发动机暖机(4 分)	起动发动机,保持怠速运行一定时间,然后提高发动机转速,使水温上升至正常温度(80 ~ 93℃)。是否会观察水温表的指针	4		
二、渗漏检查	1. 发动机上部机油渗漏检查(20 分)	1)目视检查发动机盖罩表面有无机油渗漏	5		
		2)目视检查汽缸盖罩衬垫周边、机油加注口及盖罩处有无机油渗漏	5		
		3)目视检查凸轮轴正时机油控制阀、凸轮轴位置传感器处有无机油渗漏	5		
		4)目视检查正时链条盖上部有无机油渗漏	5		
	2. 举升车辆(5 分)	在发动机怠速下按下举升按钮举升车辆,升到操作的合适高度,停止举升并锁止。操作时是否注意安全事项	5		
	3. 发动机下部机油渗漏检查(40 分)	1)目视检查发动机缸体表面有无机油渗漏	4		
		2)目视检查发动机机油压力传感器处有无机油渗漏	4		
		3)目视检查发动机缸体位置传感器处有无机油渗漏	4		

续上表

序号及内容	项目名称	评分细则 (动作不规范,检查不合格每次扣2分)	分值	得分	扣分原因
二、渗漏检查	3.发动机下部机油渗漏检查(40分)	4)目视检查发动机机油滤清器处有无机油渗漏	4		
		5)目视检查发动机 PCV 阀接口处有无机油渗漏	4		
		6)目视检查发动机曲轴后油封有无机油渗漏	5		
		7)目视检查发动机正时链条盖表面、正时链条盖油封和正时链条密封衬垫处有无机油渗漏	5		
		8)目视检查发动机油底壳表面、油底壳密封衬垫处、油底壳放油螺塞处有无机油渗漏	5		
		9)目视检查油尺管在发动机油底壳安装处有无机油渗漏	5		
	4.降下车辆(5分)	降下车辆至地面,操作时是否注意安全事项	5		
三、清洁整理工具	1.清洁工具(2分)	清洁	2		
	2.恢复/整理工具(3分)	工具归位	3		
合计					

发动机润滑系统渗漏检测观察表 表2-59

操作人员:____________ 观察人员:____________ 日期:____________

序号及内容	项目名称	技术说明	观察记录	建议与意见
一、起动前检查	1.发动机舱油位、液位等检查	1)检查发动机冷却液液位		
		2)检查制动液液位		
		3)蓄电池电压		
		4)检查发动机机油油位和机油品质		
	2.起动前安全检查	进入驾驶室、将点火开关置于 ON 位置		
	3.起动发动机暖机	起动发动机,保持怠速运行一定时间;然后提高发动机转速,使水温上升至正常温度(80~93℃)		
二、渗漏检查	1.发动机上部机油渗漏检查	1)目视检查发动机盖罩表面有无机油渗漏		
		2)目视检查汽缸盖罩衬垫周边、机油加注口及盖罩处有无机油渗漏		
		3)目视检查凸轮轴正时机油控制阀处、凸轮轴位置传感器处有无机油渗漏		
		4)目视检查正时链条盖上部有无机油渗漏		
	2.举升车辆	在发动机怠速下按下举升按钮举升车辆,升到操作的合适高度,停止举升并锁止		

续上表

序号及内容	项 目 名 称	技 术 说 明	观察记录	建议与意见
二、渗漏检查	3. 发动机下部机油渗漏检查	1）目视检查发动机缸体表面有无机油渗漏		
		2）目视检查发动机机油压力传感器处有无机油渗漏		
		3）目视检查发动机缸体位置传感器处有无机油渗漏		
		4）目视检查发动机机油滤清器处有无机油渗漏		
		5）目视检查发动机 PCV 阀接口处有无机油渗漏		
		6）目视检查发动机曲轴后油封有无机油渗漏		
		7）目视检查发动机正时链条盖表面、正时链条盖油封和正时链条密封衬垫处有无机油渗漏		
		8）目视检查发动机油底壳表面、油底壳密封衬垫处、油底壳放油螺塞处有无机油渗漏		
		9）目视检查油尺管在发动机油底壳安装处有无机油渗漏		
	4. 降下车辆	降下车辆至地面		
三、清洁整理工具	1. 清洁工具	清洁		
	2. 恢复/整理工具	工具归位		
备注				

发动机润滑系统渗漏检测工艺单　　表 2-60

操作人员：____________　　　　日期：____________

序号及内容	项 目 名 称	技 术 说 明	操作结果记录	操作数据记录
一、起动前检查	1. 发动机舱油位、液位等检查	1）检查发动机冷却液液位		
		2）检查制动液液位		
		3）检查蓄电池电压		
		4）检查发动机机油油位和机油品质		
	2. 起动前安全检查	进入驾驶室，将点火开关置于 ON 位置		
	3. 起动发动机暖机	起动发动机，保持怠速运行一定时间；然后提高发动机转速，使水温上升至正常温度（80～93℃）		

续上表

序号及内容	项目名称	技术说明	操作结果记录	操作数据记录
二、渗漏检查	1. 发动机上部机油渗漏检查	1)目视检查发动机盖罩表面有无机油渗漏		
		2)目视检查汽缸盖罩衬垫周边、机油加注口及盖处有无机油渗漏		
		3)目视检查凸轮轴正时机油控制阀处、凸轮轴位置传感器处有无机油渗漏		
		4)目视检查正时链条盖上部有无机油渗漏		
	2. 举升车辆	在发动机怠速下按下举升按钮举升车辆,升到操作的合适高度,停止举升并锁止		
	3. 发动机下部机油渗漏检查	1)目视检查发动机缸体表面有无机油渗漏		
		2)目视检查发动机机油压力传感器处有无机油渗漏		
		3)目视检查发动机缸体位置传感器处有无机油渗漏		
		4)目视检查发动机机油滤清器处有无机油渗漏		
		5)目视检查发动机 PCV 阀接口处有无机油渗漏		
		6)目视检查发动机曲轴后油封有无机油渗漏		
		7)目视检查发动机正时链条盖表面、正时链条盖油封和正时链条密封衬垫处有无机油渗漏		
		8)目视检查发动机油底壳表面、油底壳密封衬垫处、油底壳放油螺塞处有无机油渗漏		
		9)目视检查油尺管在发动机油底壳安装处有无机油渗漏		
	4. 降下车辆	降下车辆至地面		
三、清洁整理工具	1. 清洁工具	清洁		
	2. 恢复/整理工具	工具归位		
备注				

第六节　冷　却　系

一、检查与更换冷却液(表2-61～表2-64)

检查与更换冷却液作业流程表　　表2-61

操作人员:____________　　日期:____________

序号及内容	项目名称	技术说明	注意事项
一、起动前检查	1.发动机舱油位、液位检查	检查喷洗液液位、检查发动机冷却液液位、检查制动液液位、检查发动机机油油位	(1)确保所检查的油位、液位在正常的刻度范围内,如有不正常,则需要对其进行添加
			(2)在检查机油油位时,机油尺沿水平向下方向45°左右且顶端放在纱布上面,读取机油液位
	2.起动前安全检查	进入驾驶室、将点火开关置于ON位置	确保换挡杆处于驻车位置、驻车制动器处于制动
	3.起动发动机暖机	起动发动机,保持怠速运行,并打开暖风开关至最高挡位进行暖机。暖机过程中要观察仪表板水温表,当水温上升至正常温度(80～93℃),关闭发动机	
二、发动机冷却系统检漏	冷却系统检漏	1)检查冷却系统连接软管有无裂纹、老化,接口处是否有泄漏	检查操作时,必须配戴保护手套,注意不要被发动机烫伤,远离散热器风扇
		2)检查散热器、暖风水箱、水泵、储液罐、汽缸垫、汽缸体及汽缸盖的水堵是否泄漏	
三、排放发动机冷却液	1.打开冷却液储液罐的密封盖	冷机后,用手拧开冷却液储液罐的密封盖	操作时必须戴上防护手套
	2.举升车辆	按下举升按钮举升车辆至操作的合适高度停止举升并锁止	在举升之前要检查车辆四周无人员;检查举升机支架与车辆支承位置是否放好;检查车辆中心是否对正无偏斜、检查车辆无负重
	3.放置液体收集器	把液体收集器推放到冷却液排放塞正下方,调节液体收集器到合适高度	
	4.排放发动机冷却液	用手拧松冷却液排放塞,冷却液排尽后,再拧紧冷却液排放塞,并把液体收集器放回原处	
	5.降下车辆	降下车辆至地面	车辆降下前要检查车辆四周无人员
四、冷却液冰点检查	1.清洁冷却液冰点测试仪	选用柔软绒布清洁冷却液冰点测试仪的棱镜和盖板	

续上表

<table>
<tr><th>序号及内容</th><th>项 目 名 称</th><th>技 术 说 明</th><th>注 意 事 项</th></tr>
<tr><td rowspan="3">四、冷却液冰点检查</td><td>2. 冰点测试仪校零</td><td>使用吸管吸取蒸馏水滴一滴在冰点仪棱镜上,盖上盖板并轻轻按压,读取数值。如果测量值不在零位置,则要调节校正旋钮至读数为零</td><td></td></tr>
<tr><td>3. 冷却液冰点检测</td><td>取来新的冷却液,使用吸管吸取新的冷却液,滴一滴在冰点仪棱镜上,盖上盖板并轻轻按压,读取冷却液冰点值。如果测量值不在厂家规定值范围内,则更换新的冷却液重新测量,直至冷却液冰点值达到要求</td><td>在读取数值时刻度不清晰,可旋转目镜使镜内刻度线清晰</td></tr>
<tr><td>4. 清洁冷却液冰点测试仪</td><td>如何清洁?清洁冷却液冰点测试仪的棱镜和盖板并归位</td><td></td></tr>
<tr><td>五、加注冷却液</td><td>加注发动机冷却液</td><td>加注新的冷却液,加注时要注意观察储液罐的液位高度,当冷却液液位达到储液罐上限 B 刻度线停止加注</td><td></td></tr>
<tr><td rowspan="3">六、冷却系统加压检漏</td><td>1. 安装水箱检漏仪</td><td>选择大小与冷却液储液罐的密封盖一样的凸缘盘,安装在冷却液储液罐加注口上,并装上检漏仪</td><td>安装凸缘盘时,一定要旋紧</td></tr>
<tr><td>2. 加压检漏</td><td>向冷却系统施加压力,压力达到 0.2MPa 时,停止加压。观察压力表,同时注意倾听是否有漏气声</td><td>如 5min 时间内指针显示应无变化,则冷却系统密封良好。否则系统有泄漏,需要重新检查</td></tr>
<tr><td>3. 安装冷却液储液罐的密封盖</td><td>取下检漏仪,拆下凸缘盘,安装冷却液储液罐的密封盖</td><td>安装冷却液储液罐的密封盖时一定要旋紧</td></tr>
<tr><td rowspan="4">七、发动机运转检漏</td><td>1. 发动机暖机</td><td>起动发动机,保持怠速运行,并打开暖风开关至高挡位</td><td></td></tr>
<tr><td>2. 观察冷却风扇工作情况检查</td><td>暖机过程中观察水温表变化情况及冷却风扇运转情况</td><td>当水温达到 93~98℃时,冷却风扇应低速运转,当达到 105℃时冷却风扇应高速运转。然后将暖风开关转到高挡位,使冷却液流经暖风水箱</td></tr>
<tr><td>3. 检查冷却液储液罐的冷却液液位</td><td>检查冷却液液位是否在 FULL 和 LOW 刻度线之间,如低于 LOW 刻线则添加到正常范围内</td><td></td></tr>
<tr><td>4. 安装发动机盖罩</td><td>双手握住发动机盖罩并对正位置,依次按下前后端,安装后检查发动机盖罩是否卡紧</td><td></td></tr>
<tr><td rowspan="2">八、清洁整理工具</td><td>1. 清洁工具</td><td>清洁</td><td></td></tr>
<tr><td>2. 恢复/整理工具</td><td>包括冰点测试仪、水箱检漏仪</td><td></td></tr>
<tr><td>备注</td><td colspan="3"></td></tr>
</table>

检查与更换冷却液评分表 表2-62

操作人员:__________ 操作人员:__________ 日期:__________ 得分:__________

序号及内容	项目名称	评分细则	分值	得分	原因
一	起动前检查(8分)	1. 发动机舱油位、液位检查(喷洗液液位、冷却液液位、制动液液位、机机油油位)各项1分	4		
		2. 起动前安全检查	2		
		3. 起动发动机暖机操作方法过程正确	2		
二	发动机冷却系统检漏(9分)	冷却系统检漏,连接软管有无裂纹、老化(1分);接口处是否有泄漏(1分);散热器、暖风水箱、水泵、储液罐、汽缸垫、汽缸体及汽缸盖的水堵是否泄漏(各1分)	9		
三	排放发动机冷却液(16分)	1. 打开冷却液储液罐的密封盖	2		
		2. 举升车辆方法正确(1分);位置正确(1分)	2		
		3. 放置液体收集器位置到位(1分);高度到位(1分)	2		
		4. 排放发动机冷却液,用手拧松冷却液排放塞(2分);排尽后拧紧冷却液排放塞(2分);把收集器放回原处(2分);液体滴落(2分)	8		
		5. 降下车辆方法正确(1分);位置正确(1分)	2		
四	冷却液冰点检查(21分)	1. 清洁冷却液冰点测试仪,清洁布选用正确(1分);清洁位置正确(2分)	3		
		2. 冰点测试仪校零方法和结果正确	6		
		3. 冷却液冰点检测方法正确(5分);检测结果正确(3分)	8		
		4. 清洁冷却液冰点测试仪(2分);放到位(2分)	4		
五	加注冷却液(7分)	加注发动机冷却液时注意观察储液罐的液位高度(1分);当冷却液液位达到储液罐上限B刻度线停止加注(4分);液体有滴落(2分)	7		
六	冷却系统加压检漏(16分)	1. 安装水箱检漏仪方法正确	5		
		2. 加压检漏,向冷却系统施加压力(1分);压力达到0.2MPa停止加压(2分);观察压力表(1分);同时注意倾听是否有漏气声(2分)	6		
		3. 取下检漏仪(2分);拆下凸缘盘(1分);安装冷却液储液罐的密封盖(2分)	5		
七	发动机运转检漏(12分)	1. 起动发动机(1分);保持怠速运行(1分);并打开暖风开关至高挡位(1分)	3		
		2. 观察冷却风扇工作情况检查	5		
		3. 检查冷却液储液罐的冷却液液位	3		
		4. 安装发动机盖罩方法正确,位置正确	2		
八	清洁整理工具(10分)	1. 清洁工具,每次1分	5		
		2. 恢复/整理工具	5		
总分			100		

检查与更换冷却液观察表 表 2-63

观察人员：____________ 操作人员：____________ 日期：____________

序号及内容	项 目 名 称	观察记录	意见建议
一、起动前检查	1. 发动机舱油位、液位检查		
	2. 起动前安全检查		
	3. 起动发动机暖机		
二、发动机冷却系统检漏	冷却系统检漏		
三、排放发动机冷却液	1. 打开冷却液储液罐的密封盖		
	2. 举升车辆		
	3. 放置液体收集器		
	4. 排放发动机冷却液		
	5. 降下车辆		
四、冷却液冰点检查	1. 清洁冷却液冰点测试仪		
	2. 冰点测试仪校零		
	3. 冷却液冰点检测		
	4. 清洁冷却液冰点测试仪		
五、加注冷却液	加注发动机冷却液		
六、冷却系统加压检漏	1. 安装水箱检漏仪		
	2. 加压检漏		
	3. 安装冷却液储液罐的密封盖		
七、发动机运转检漏	1. 发动机暖机		
	2. 观察冷却风扇工作情况检查		
	3. 检查冷却液储液罐的冷却液液位		
	4. 安装发动机盖罩		
八、清洁整理工具	1. 清洁工具		
	2. 恢复/整理工具		
教师点评			

检查与更换冷却液工艺单 表 2-64

操作人员：____________ 日期：____________

序号及内容	项 目 名 称	操作结果记录	操作数据记录
一、起动前检查	1. 发动机舱油位、液位检查		
	2. 起动前安全检查		
	3. 起动发动机暖机		

续上表

序号及内容	项目名称	操作结果记录	操作数据记录
二、发动机冷却系统检漏	冷却系统检漏		
三、排放发动机冷却液	1. 打开冷却液储液罐的密封盖		
	2. 举升车辆		
	3. 放置液体收集器		
	4. 排放发动机冷却液		
	5. 降下车辆		
四、冷却液冰点检查	1. 清洁冷却液冰点测试仪		
	2. 冰点测试仪校零		
	3. 冷却液冰点检测		
	4. 清洁冷却液冰点测试仪		
五、加注冷却液	加注发动机冷却液		
六、冷却系统加压检漏	1. 安装水箱检漏仪		
	2. 加压检漏		
	3. 安装冷却液储液罐的密封盖		
七、发动机运转检漏	1. 发动机暖机		
	2. 观察冷却风扇工作情况检查		
	3. 检查冷却液储液罐的冷却液液位		
	4. 安装发动机盖罩		
八、清洁整理工具	1. 清洁工具		
	2. 恢复/整理工具		
备注说明			

二、检查与更换散热器(表2-65～表2-68)

检查与更换散热器作业流程表　　　　表2-65

操作人员:＿＿＿＿＿＿　　　　日期:＿＿＿＿＿＿

序号及内容	项目名称	技术说明	注意事项
一、拆下散热器外围件	1. 分离热敏电阻总成	1)按下热敏电阻连接器锁扣,分离热敏电阻连接器	(1)断开连接器时,先按压锁止扣,当确认锁止装置完全脱离后,方可拔下连接器; (2)若锁止装置无法解除,则尝试边按压锁止扣边向内推直至锁止装置完全解除方可拔下连接器; (3)禁止在线束端借用外力拔下连接器
		2)选用十字螺丝刀垂直顶开热敏电阻总成锁紧卡子的中间位置,并取下热敏电阻总成	
		3)将热敏电阻总成放置在工具车上	

续上表

序号及内容	项目名称	技术说明	注意事项
一、拆下散热器外围件	2.从散热器上支架上拆下散热器储液罐回水软管的固定件	1)选用10mm套筒、短接杆、棘轮扳手逆时针分别拧松散热器上支架上两个散热器储液罐回水软管的固定螺栓	
		2)分别拆下两个散热器储液罐回水软管的固定螺栓	
		3)用手分别将上软管与两个卡夹分开	
	3.从散热器总成上断开散热器储液罐出水软管	1)使用鲤鱼钳将储液罐出水软管的锁紧卡子移出阻挡位置	(1)断开管路过紧时应微微旋转向外挪开; (2)断开的管口应采用塑料袋套住(或者塞子塞住),防止残液滴漏污染或异物进入,如有滴漏应及时清洁
		2)将散热器储液罐出水软管从散热器总成上断开,用塑料袋套住管口,并移至高处	
	4.断开3号散热器软管(散热器进水管)	1)使用鲤鱼钳将3号散热器软管的锁紧卡子移出阻挡位置	
		2)将3号散热器软管从散热器总成上断开,用塑料袋套住管口,并移至高处	
	5.断开2号散热器软管(散热器出水管)	1)使用鲤鱼钳将2号散热器软管的锁紧卡子移出阻挡位置	
		2)将2号散热器软管从散热器总成上断开,用塑料袋套住管口,并移至高处	
	6.断开散热器左侧机油冷却器软管	1)使用鲤鱼钳将其中一根机油冷却器软管的锁紧卡子移出阻挡位置	
		2)将机油冷却器管从散热器总成上断开,用塑料袋套住管口,并移至高处	
		3)使用鲤鱼钳将另一根机油冷却器软管的锁紧卡子移出阻挡位置	
		4)将机油冷却器管从散热器总成上断开,用塑料袋套住管口,并移至高处	

续上表

<table>
<tr><th>序号及内容</th><th>项目名称</th><th>技术说明</th><th>注意事项</th></tr>
<tr><td rowspan="15">二、拆卸2号风扇罩</td><td rowspan="4">1.拆卸与发动机盖锁总成连接的附件</td><td>1)按下发动机盖锁总成线束连接器锁扣,分离线束连接器</td><td rowspan="4">(1)断开连接器时,先按压锁止扣,当确认锁止装置完全脱离后,方可拔下连接器;
(2)若锁止装置无法解除,则尝试边按压锁止扣边向内推直至锁止装置完全解除方可拔下连接器;
(3)禁止在线束端借用外力拔下连接器;
(4)将发动机盖锁控制拉索与风扇罩上的卡夹分离时,应注意卡夹的拆装方位,防止过度用力损坏卡夹</td></tr>
<tr><td>2)选用卡子拆卸工具依次拆下两个线束固定卡子</td></tr>
<tr><td>3)断开发动机盖锁控制拉索</td></tr>
<tr><td>4)用手依次将发动机盖锁控制拉索与风扇罩上的卡夹分离</td></tr>
<tr><td rowspan="2">2.断开两个喇叭线束连接器</td><td>1)按下一个喇叭线束连接器锁扣,分离喇叭连接器</td><td rowspan="2">(1)断开连接器时,先按压锁止扣,当确认锁止装置完全脱离后,方可拔下连接器;
(2)若锁止装置无法解除,则尝试边按压锁止扣边向内推直至锁止装置完全解除方可拔下连接器;
(3)禁止在线束端借用外力拔下连接器</td></tr>
<tr><td>2)按上述方法拆卸另一个</td></tr>
<tr><td rowspan="3">3.拆下散热器上支架</td><td>1)选用10mm套筒、短接杆、棘轮扳手分次拧松并拆下散热器上支架上的4个固定螺栓</td><td rowspan="3"></td></tr>
<tr><td>2)取下散热器上支架,并摆放在工作台上</td></tr>
<tr><td>3)取下散热器支架缓冲垫,并摆放在工作台上</td></tr>
<tr><td rowspan="3">4.从散热器总成上拆下散热器储液罐回水软管</td><td>1)将散热器储液罐回水软管从软管卡夹上断开</td><td rowspan="3">(1)断开管路过紧时应微微旋转向外挪开;
(2)断开的管口应采用塑料袋套住(或者塞子塞住),防止残液滴漏污染或异物进入,如有滴漏应及时清洁</td></tr>
<tr><td>2)使用鲤鱼钳将散热器储液罐回水软管的锁紧卡子移出阻挡位置</td></tr>
<tr><td>3)将散热器储液罐回水软管从散热器总成上断开,用塑料袋套住管口,并移至高处</td></tr>
<tr><td rowspan="3">5.拆下2号风扇罩</td><td>1)选用10mm套筒、短接杆、棘轮扳手分别拆下散热器总成上的两个固定螺栓</td><td rowspan="3">使用螺丝刀撬动卡爪时,不要过度用力,防止损坏卡爪</td></tr>
<tr><td>2)选用一字螺丝刀依次撬动两个卡爪使风扇罩脱开</td></tr>
<tr><td>3)取下风扇罩</td></tr>
</table>

续上表

序号及内容	项目名称	技术说明	注意事项
三、拆卸散热器总成	1. 断开冷却液风扇电动机线束连接器和线束卡夹	1)按下冷却液风扇电动机线束连接器锁扣,分离冷却液风扇电动机连接器连接器	(1)断开连接器时,先按压锁止扣,当确认锁止装置完全脱离后,方可拔下连接器; (2)若锁止装置无法解除,则尝试边按压锁止扣边向内推直至锁止装置完全解除方可拔下连接器; (3)禁止在线束端借用外力拔下连接器
		2)选用卡子拆卸工具09061-1C110将线束卡夹同时从散热器总成上拆下	
	2. 移出空调冷凝器总成	将空调冷凝器总成小心向上微提,让其与散热器下支架分离,并向前放置,以便拆卸散热器	应防止冷凝器散热片及管路损坏
	3. 拆下散热器总成和风扇罩	慢慢向上提起散热器总成和风扇罩	取下散热器总成和风扇罩时,注意不要碰伤散热片
	4. 拆下散热器下支架缓冲垫	用手取下散热器下支架缓冲垫,并放置在工作台上	
四、拆卸机油冷却器管(自动传动桥)	1. 拆下机油冷却器管的两个固定螺栓	1)选用10mm套筒、短接杆、棘轮扳手,分别逆时针拧松冷却风扇总成上的两个机油冷却器管固定螺栓	
		2)分别拆下两个机油冷却器管固定螺栓,并放置在工作台上	
	2. 拆下散热器右侧机两根油冷却器软管	1)选用鲤鱼钳将一根机油冷却软管锁紧卡子移出阻挡位置	(1)断开管路过紧时应微微旋转向外挪开; (2)断开的管口应采用塑料袋套住(或者塞子塞住),防止残液滴漏污染或异物进入,如有滴漏应及时清洁
		2)将机油冷却器软管从机油冷却器上断开,用塑料袋套住管口	
		3)选用鲤鱼钳将另一根机油冷却软管锁紧卡子移出阻挡位置	
		4)将机油冷却器软管从机油冷却器上断开,用塑料袋套住管口	
		5)同时取下两根机油冷却器管	
五、检查散热器	1. 散热器零件号及外观检查	1)检查新的散热器总成零件号是否正确	
		2)检查外观有无变形损伤	
	2. 散热器密封性检查	1)用SST塞住散热器的进水管和出水管	在带树脂水室的散热器上,水室和锁止板之间的间隙会驻留少量空气,当散热器浸入水中时,看上去似乎有漏气现象。因此,在用水进行漏气测试之前,先将散热器在水中来回晃动,直到所有气泡消失
		2)使用散热器盖检测仪,给散热器加压至177kPa。将散热器浸入水中,保压5min,应压力无下降,无气泡产生,否则更换散热器	

续上表

序号及内容	项目名称	技术说明	注意事项
六、安装风扇罩	安装风扇罩	1)将风扇罩正确安置在散热器总成上	
		2)用手分别将两个固定螺栓旋入螺纹处	
		3)选用10mm套筒、短接杆及扭力扳手依次以7N·m的力距紧固两个螺栓	
七、安装机油冷却器管(自动传动桥)	1.安装机油冷却器管固定螺栓	1)用手分别正确将两个固定螺栓旋入螺纹处	
		2)选用10mm套筒、短接杆及扭力扳手以5.5N·m的力矩分别紧固两个固定螺栓	
	2.连接散热器右侧机油冷却器软管	1)取下一根机油冷却器软管的塑料袋	(1)连接软管前,应检查软管是否老化、开裂、腐蚀,如有应更换; (2)连接软管时,应慢慢将软管左右旋转推入至适应位置
		2)将机油冷却器软管与机油冷却器连接	
		3)使用鲤鱼钳,将锁紧卡子移入阻挡位置。并与原压痕重合	
		4)用上述相同方法连接另一根软管	
八、安装散热器总成	1.安装散热器总成	1)正确安装散热器下支架(两个缓冲垫)	安装时,不要碰伤散热片
		2)慢慢将散热器总成和风扇罩一起安装到散热器下支架上	
	2.安装空调冷凝器	将空调冷凝器下部定位装置对准散热器下支架安装孔,慢慢装入	
九、安装2号风扇罩		1)取下散热器储液罐回水软管的塑料袋	如有滴漏应及时清洁
	1.安装2号风扇罩	2)将散热器储液罐回水软管安装到散热器总成上	
		3)选用鲤鱼钳将锁紧卡子移入阻挡位置	
		4)用手将散热器储液罐回水软管安装到软管卡夹上	
		5)接合2号散热器罩上的两个卡爪	
		6)用手分别将两个固定螺栓正确旋入螺纹处	
		7)选用10mm套筒、短接杆及扭力扳手以7.0N·m的力矩紧固2号散热器罩两个固定螺栓	
		8)用手分别将两个散热器支架缓冲垫安装到2号风扇罩上	
		9)连接冷却器电动机连接器,应听到"咔哒"声	
		10)将冷却器电动机线束固定卡夹安装在散热风扇罩上	

续上表

序号及内容	项目名称	技术说明	注意事项
九、安装2号风扇罩	2. 安装散热器上支架	1)用手分别将4个固定螺栓依次旋入螺纹处	
		2)选用10mm套筒、短接杆及扭力扳手以13N·m的力矩分别将4个固定螺栓紧固到散热器上支架上	
		3)分别安装两个喇叭连接器,并听到"咔哒"声	
	3. 安装与发动机盖锁总成连接的附件	1)依次连接两个发动机盖锁总成线束固定卡子	
		2)连接发动机盖锁总成线束连接器,并听到"咔哒"声	
		3)将发动机盖锁控制拉索安装风扇罩上的卡夹中	
		4)正确连接发动机盖锁控制拉索	
十、连接散热器总成的外围件	1. 连接2号散热器软管(散热器进水管)	1)取下2号散热器软管的塑料袋	
		2)将2号散热器软管安装到散热器总成上	
		3)选用鲤鱼钳将锁紧卡子移入阻挡位置	
	2. 连接3号散热器软管(散热器出水管)	1)取下3号散热器软管的塑料袋	
		2)将3号散热器软管安装到散热器总成上	
		3)选用鲤鱼钳将锁紧卡子移入阻挡位置	
	3. 连接散热器左侧机油冷却器软管	1)取下机油冷却器软管的塑料袋	
		2)分别将机油冷却器软管安装到散热器总成上	
		3)选用鲤鱼钳将锁紧卡子移入阻挡位置	
	4. 连接散热器储液罐出水软管	1)取下热器储液罐出水软管的塑料袋	
		2)将散热器储液罐出水软管安装到散热器总成的相应位置	
		3)选用鲤鱼钳将锁紧卡子移入阻挡位置	
		4)将散热器储液罐出水软管分别固定在两个卡夹中	
		5)用手分别正确将两个固定螺栓旋入螺纹处	
		6)选用10mm套筒、短接杆及扭力扳手以5.0N·m的力矩顺时针分别紧固两个固定螺栓	

续上表

序号及内容	项目名称	技术说明	注意事项
十、连接散热器总成的外围件	5. 安装热敏电阻总成	1)用手将热敏电阻总成安装到散热器前端的固定位置,并听到“咔哒”声	
		2)将热敏电阻连接器连接到热敏电阻上,并听到“咔哒”声	
十一、清洁整理工具	1. 清洁工具	清洁	
	2. 恢复/整理工具	扭力扳手归零	
备注			

检查与更换散热器评分表　　表 2-66

操作人员:__________　操作人员:__________　日期:__________　得分:__________

序号及内容	项目名称	技术说明	分值	得分	原因
一、拆下散热器外围件	1. 分离热敏电阻总成(7分)	1)按下热敏电阻连接器锁扣,分离热敏电阻连接器	2		
		2)选用十字螺丝刀垂直顶开热敏电阻总成锁紧卡子的中间位置,并取下热敏电阻总成	3		
		3)将热敏电阻总成放置在工具车上	2		
	2. 从散热器上支架上拆下散热器储液罐回水软管的固定件(9分)	1)选用10mm套筒、短接杆、棘轮扳手逆时针分别拧松散热器上支架上两个散热器储液罐回水软管的固定螺栓	5		
		2)分别拆下两个散热器储液罐回水软管的固定螺栓	4		
		3)用手分别将上软管与两个卡夹分开	4		
	3. 从散热器总成上断开散热器储液罐出水软管(5分)	1)使用鲤鱼钳将储液罐出水软管的锁紧卡子移出阻挡位置	2		
		2)将散热器储液罐出水软管从散热器总成上断开,用塑料袋套住管口,并移至高处	3		
	4. 断开3号散热器软管(散热器进水管)(5分)	1)使用鲤鱼钳将3号散热器软管的锁紧卡子移出阻挡位置	2		
		2)将3号散热器软管从散热器总成上断开,用塑料袋套住管口,并移至高处	3		
	5. 断开2号散热器软管(散热器出水管)(5分)	1)使用鲤鱼钳将2号散热器软管的锁紧卡子移出阻挡位置	2		
		2)将2号散热器软管从散热器总成上断开,用塑料袋套住管口,并移至高处	3		

续上表

序号及内容	项目名称	技术说明	分值	得分	原因
一、拆下散热器外围件	6. 断开散热器左侧机油冷却器软管(10分)	1)使用鲤鱼钳将其中一根机油冷却器软管的锁紧卡子移出阻挡位置	2		
		2)将机油冷却器管从散热器总成上断开,用塑料袋套住管口,并移至高处	3		
		3)使用鲤鱼钳将另一根机油冷却器软管的锁紧卡子移出阻挡位置	2		
		4)将机油冷却器管从散热器总成上断开,用塑料袋套住管口,并移至高处	3		
二、拆卸2号风扇罩	1. 拆卸与发动机盖锁总成连接的附件(8分)	1)按下发动机盖锁总成线束连接器锁扣,分离线束连接器	2		
		2)选用卡子拆卸工具依次拆下两个线束固定卡子	2		
		3)断开发动机盖锁控制拉索	2		
		4)用手依次将发动机盖锁控制拉索与风扇罩上的卡夹分离	2		
	2. 断开两个喇叭线束连接器(4分)	1)按下一个喇叭线束连接器锁扣,分离喇叭连接器	2		
		2)按上述方法拆卸另一个	2		
	3. 拆下散热器上支架(13分)	1)选用10mm套筒、短接杆、棘轮扳手分次拧松并拆下散热器上支架上的4个固定螺栓	9		
		2)取下散热器上支架,并摆放在工作台上	2		
		3)取下散热器支架缓冲垫,并摆放在工作台上	2		
	4. 从散热器总成上拆下散热器储液罐回水软管(6分)	1)将散热器储液罐回水软管从软管卡夹上断开	2		
		2)使用鲤鱼钳将散热器储液罐回水软管的锁紧卡子移出阻挡位置	2		
		3)将散热器储液罐回水软管从散热器总成上断开,用塑料袋套住管口,并移至高处	2		
	5. 拆下2号风扇罩(11分)	1)选用10mm套筒、短接杆、棘轮扳手分别拆下散热器总成上的两个固定螺栓	5		
		2)选用一字螺丝刀依次撬动两个卡爪使风扇罩脱开	4		
		3)取下风扇罩	2		
三、拆卸散热器总成	1. 断开冷却液风扇电动机线束连接器和线束卡夹(4分)	1)按下冷却液风扇电动机线束连接器锁扣,分离冷却液风扇电动机连接器	2		
		2)选用卡子拆卸工具09061-1C110将线束卡夹同时从散热器总成上拆下	2		

续上表

序号及内容	项 目 名 称	技 术 说 明	分值	得分	原因
三、拆卸散热器总成	2. 移出空调冷凝器总成(2 分)	将空调冷凝器总成小心向上微提,让其与散热器下支架分离,并向前放置,以便拆卸散热器	2		
	3. 拆下散热器总成和风扇罩(2 分)	慢慢向上提起散热器总成和风扇罩	2		
	4. 拆下散热器下支架缓冲垫(2 分)	用手取下散热器下支架缓冲垫,并放置在工作台上	2		
四、拆卸机油冷却器管(自动传动桥)	1. 拆下机油冷却器管的两个固定螺栓(7 分)	1)选用 10mm 套筒、短接杆、棘轮扳手,分别逆时针拧松冷却风扇总成上的两个机油冷却器管固定螺栓	5		
		2. 分别拆下两个机油冷却器管固定螺栓,并放置在工作台上	2		
	2. 拆下散热器右侧两根机油冷却器软管(11 分)	1)选用鲤鱼钳将一根机油冷却软管锁紧卡子移出阻挡位置	2		
		2)将机油冷却器软管从机油冷却器上断开,用塑料袋套住管口	2		
		3)选用鲤鱼钳将另一根机油冷却软管锁紧卡子移出阻挡位置	2		
		4)将机油冷却器软管从机油冷却器上断开,用塑料袋套住管口	2		
		5)同时取下两根机油冷却器管	3		
五、检查散热器	1. 散热器零件号及外观检查(4 分)	1)检查新的散热器总成零件号是否正确	2		
		2)检查外观有无变形损伤	2		
	2. 散热器密封性检查(7 分)	1)用 SST 塞住散热器的进水管和出水管	2		
		2)使用散热器盖检测仪,给散热器加压至 177kPa。将散热器浸入水中,保压 5min,应压力无下降,无气泡产生,否则更换散热器	5		
六、安装风扇罩	安装风扇罩(7 分)	1)将风扇罩正确安置在散热器总成上	2		
		2)用手分别将两个固定螺栓旋入螺纹处	2		
		3)选用 10mm 套筒、短接杆及扭力扳手依次以 7N · m的力矩紧固两个螺栓	3		
七、安装机油冷却器管(自动传动桥)	1. 安装机油冷却器管固定螺栓(8 分)	1)用手分别正确将两个固定螺栓旋入螺纹处	4		
		2)选用 10mm 套筒、短接杆及扭力扳手以 5.5N · m 的力矩分别紧固两个固定螺栓	4		
	2. 连接散热器右侧机油冷却器软管(8 分)	1)取下一根机油冷却器软管的塑料袋	2		
		2)将机油冷却器软管与机油冷却器连接	2		
		3)使用鲤鱼钳,将锁紧卡子移入阻挡位置,并与原压痕重合	2		
		4)用上述相同方法连接另一根软管	2		

续上表

序号及内容	项 目 名 称	技 术 说 明	分值	得分	原因
八、安装散热器总成	1. 安装散热器总成(4 分)	1)正确安装散热器下支架(两个缓冲垫)	2		
		2)慢慢将散热器总成和风扇罩一起安装到散热器下支架上	2		
	2. 安装空调冷凝器(2 分)	将空调冷凝器下部定位装置对准散热器下支架安装孔,慢慢装入	2		
九、安装2 号风扇罩	1. 安装 2 号风扇罩(23 分)	1)取下散热器储液罐回水软管的塑料袋	2		
		2)将散热器储液罐回水软管安装到散热器总成上	2		
		3)选用鲤鱼钳将锁紧卡子移入阻挡位置	2		
		4)用手将散热器储液罐回水软管安装到软管卡夹上	2		
		5)接合 2 号散热器罩上的两个卡爪	2		
		6)用手分别将两个固定螺栓正确旋入螺纹处	2		
		7)选用 10mm 套筒、短接杆及扭力扳手以 7.0N·m 的力矩紧固 2 号散热器罩两个固定螺栓	5		
		8)用手分别将两个散热器支架缓冲垫安装到 2 号风扇罩上	2		
		9)连接冷却器电动机连接器,并听到"咔哒"声	2		
		10)将冷却器电动机线束固定卡夹安装在散热风扇罩上	2		
	2. 安装散热器上支架(20 分)	1)用手分别将 4 个固定螺栓依次旋入螺纹处	8		
		2)选用 10mm 套筒、短接杆及扭力扳手以 13N·m 的力矩分别将 4 个固定螺栓紧固到散热器上支架上	8		
		3)分别安装两个喇叭连接器,并听到"咔哒"声	4		
	3. 安装与发动机盖锁总成连接的附件(10 分)	1)依次连接两个发动机盖锁总成线束固定卡子	4		
		2)连接发动机盖锁总成线束连接器,并听到"咔哒"声	2		
		3)将发动机盖锁控制拉索安装风扇罩上的卡夹中	2		
		4)正确连接发动机盖锁控制拉索	2		
十、连接散热器总成的外围件	1. 连接 2 号散热器软管(散热器进水管)(6 分)	1)取下 2 号散热器软管的塑料袋	2		
		2)将 2 号散热器软管安装到散热器总成上	2		
		3)选用鲤鱼钳将锁紧卡子移入阻挡位置	2		
	2. 连接 3 号散热器软管(散热器进水管)(6 分)	1)取下 3 号散热器软管的塑料袋	2		
		2)将 3 号散热器软管安装到散热器总成上	2		
		3)选用鲤鱼钳将锁紧卡子移入阻挡位置	2		
	3. 连接散热器左侧机油冷却器软管(6 分)	1) 取下机油冷却器软管的塑料袋	2		
		2)分别将机油冷却器软管安装到散热器总成上	2		
		3)选用鲤鱼钳将锁紧卡子移入阻挡位置	2		

续上表

序号及内容	项目名称	技术说明	分值	得分	原因
十、连接散热器总成的外围件	4. 连接散热器储液罐出水软管(19 分)	1)取下散热器储液罐出水软管的塑料袋	2		
		2)将散热器储液罐出水软管安装到散热器总成的相应位置	2		
		3)选用鲤鱼钳将锁紧卡子移入阻挡位置	2		
		4)将散热器储液罐出水软管分别固定在两个卡夹中	4		
		5)用手分别正确将两个固定螺栓旋入螺纹处	4		
		6)选用 10mm 套筒、短接杆及扭力扳手以 5.0N·m 的力矩顺时针分别紧固两个固定螺栓	5		
	5. 安装热敏电阻总成(4 分)	1)用手将热敏电阻总成安装到散热器前端的固定位置,并听到“咔哒”声	2		
		2)将热敏电阻连接器连接到热敏电阻上,并听到“咔哒”声	2		
十一、清洁整理工具	1. 清洁工具(2 分)	清洁	2		
	2. 恢复/整理工具(2 分)	扭力扳手归零	2		
	3. 操作中是否有物体落地或损坏。得分可倒扣(5 分)		5		
总分			258		

检查与更换散热器观察表　　表 2-67

观察人员:__________　　操作人员:__________　　日期:__________

序号及内容	项目名称	技术说明	观察记录	意见建议
一、拆下散热器外围件	1. 分离热敏电阻总成	1)按下热敏电阻连接器锁扣,分离热敏电阻连接器		
		2)选用十字螺丝刀垂直顶开热敏电阻总成锁紧卡子的中间位置,并取下热敏电阻总成		
		3)将热敏电阻总成放置在工具车上		
	2. 从散热器上支架上拆下散热器储液罐回水软管的固定件	1)选用 10mm 套筒、短接杆、棘轮扳手逆时针分别拧松散热器上支架上两个散热器储液罐回水软管的固定螺栓		
		2)分别拆下两个散热器储液罐回水软管的固定螺栓		
		3)用手分别将上软管与两个卡夹分开		
	3. 从散热器总成上断开散热器储液罐出水软管	1)使用鲤鱼钳将储液罐出水软管的锁紧卡子移出阻挡位置		
		2)将散热器储液罐出水软管从散热器总成上断开,用塑料袋套住管口,并移至高处		

续上表

序号及内容	项目名称	技术说明	观察记录	意见建议
一、拆下散热器外围件	4. 断开3号散热器软管(散热器进水管)	1)使用鲤鱼钳将3号散热器软管的锁紧卡子移出阻挡位置		
		2)将3号散热器软管从散热器总成上断开,用塑料袋套住管口,并移至高处		
	5. 断开2号散热器软管(散热器出水管)	1)使用鲤鱼钳将2号散热器软管的锁紧卡子移出阻挡位置		
		2)将2号散热器软管从散热器总成上断开,用塑料袋套住管口,并移至高处		
	6. 断开散热器左侧机油冷却器软管	1)使用鲤鱼钳将其中一根机油冷却器软管的锁紧卡子移出阻挡位置		
		2)将机油冷却器管从散热器总成上断开,用塑料袋套住管口,并移至高处		
		3)使用鲤鱼钳将另一根机油冷却器软管的锁紧卡子移出阻挡位置		
		4)将机油冷却器管从散热器总成上断开,用塑料袋套住管口,并移至高处		
二、拆卸2号风扇罩	1. 拆卸与发动机盖锁总成连接的附件	1)按下发动机盖锁总成线束连接器锁扣,分离线束连接器		
		2)选用卡子拆卸工具依次拆下两个线束固定卡子		
		3)断开发动机盖锁控制拉索		
		4)用手依次将发动机盖锁控制拉索与风扇罩上的卡夹分离		
	2. 断开两个喇叭线束连接器	1)按下一个喇叭线束连接器锁扣,分离喇叭连接器		
		2)按上述方法拆卸另一个		
	3. 拆下散热器上支架	1)选用10mm套筒、短接杆、棘轮扳手分次拧松并拆下散热器上支架上的4个固定螺栓		
		2)取下散热器上支架,并摆放在工作台上		
		3)取下散热器支架缓冲垫,并摆放在工作台上		
	4. 从散热器总成上拆下散热器储液罐回水软管	1)将散热器储液罐回水软管从软管卡夹上断开		
		2)使用鲤鱼钳将散热器储液罐回水软管的锁紧卡子移出阻挡位置		
		3)将散热器储液罐回水软管从散热器总成上断开,用塑料袋套住管口,并移至高处		

续上表

序号及内容	项目名称	技术说明	观察记录	意见建议
二、拆卸2号风扇罩	5. 拆下2号风扇罩	1）选用10mm套筒、短接杆、棘轮扳手分别拆下散热器总成上的两个固定螺栓		
		2）选用一字螺丝刀依次撬动两个卡爪使风扇罩脱开		
		3）取下风扇罩		
三、拆卸散热器总成	1. 断开冷却液风扇电动机线束连接器和线束卡夹	1）按下冷却液风扇电动机线束连接器锁扣，分离冷却液风扇电动机连接器连接器		
		2）选用卡子拆卸工具09061-1C110将线束卡夹同时从散热器总成上拆下		
	2. 移出空调冷凝器总成	将空调冷凝器总成小心向上微提，让其与散热器下支架分离，并向前放置，以便拆卸散热器		
	3. 拆下散热器总成和风扇罩	慢慢向上提起散热器总成和风扇罩		
	4. 拆下散热器下支架缓冲垫	用手取下散热器下支架缓冲垫，并放置的工作台上		
四、拆卸机油冷却器管（自动传动桥）	1. 拆下机油冷却器管的两个固定螺栓	1）选用10mm套筒、短接杆、棘轮扳手，分别逆时针拧松冷却风扇总成上的两个机油冷却器管固定螺栓		
		2）分别拆下两个机油冷却器管固定螺栓，并放置在工作台上		
	2. 拆下散热器右侧两根机油冷却器软管	1）选用鲤鱼钳将一根机油冷却软管锁紧卡子移出阻挡位置		
		2）将机油冷却器软管从机油冷却器上断开，用塑料袋套住管口		
		3）选用鲤鱼钳将另一根机油冷却软管锁紧卡子移出阻挡位置		
		4）将机油冷却器软管从机油冷却器上断开，用塑料袋套住管口		
		5）同时取下两根机油冷却器管		
五、检查散热器	1. 散热器零件号及外观检查	1）检查新的散热器总成零件号是否正确		
		2）检查外观有无变形损伤		
	2. 散热器密封性检查	1）用SST塞住散热器的进水管和出水管		
		2）使用散热器盖检测仪，给散热器加压至177kPa。将散热器浸入水中，保压5min，应压力无下降，无气泡产生，否则更换散热器		

续上表

<table>
<tr><th>序号及内容</th><th>项 目 名 称</th><th>技 术 说 明</th><th>观察记录</th><th>意见建议</th></tr>
<tr><td rowspan="3">六、安装风扇罩</td><td rowspan="3">安装风扇罩</td><td>1)将风扇罩正确安置在散热器总成上</td><td></td><td></td></tr>
<tr><td>2)用手分别将两个固定螺栓旋入螺纹处</td><td></td><td></td></tr>
<tr><td>3)选用 10mm 套筒、短接杆及扭力扳手依次以 7N·m 的力矩紧固两个螺栓</td><td></td><td></td></tr>
<tr><td rowspan="6">七、安装机油冷却器管(自动传动桥)</td><td rowspan="2">1. 安装机油冷却器管固定螺栓</td><td>1)用手分别正确将两个固定螺栓旋入螺纹处</td><td></td><td></td></tr>
<tr><td>2)选用 10mm 套筒、短接杆及扭力扳手以 5.5N·m的力矩分别紧固两个固定螺栓</td><td></td><td></td></tr>
<tr><td rowspan="4">2. 连接散热器右侧机油冷却器软管</td><td>1)取下一根机油冷却器软管的塑料袋</td><td></td><td></td></tr>
<tr><td>2)将机油冷却器软管与机油冷却器连接</td><td></td><td></td></tr>
<tr><td>3)使用鲤鱼钳,将锁紧卡子移入阻挡位置,并与原压痕重合</td><td></td><td></td></tr>
<tr><td>4)用上述相同方法连接另一根软管</td><td></td><td></td></tr>
<tr><td rowspan="3">八、安装散热器总成</td><td rowspan="2">1. 安装散热器总成</td><td>1)正确安装散热器下支架(两个缓冲垫)</td><td></td><td></td></tr>
<tr><td>2)慢慢将散热器总成和风扇罩一起安装到散热器下支架上</td><td></td><td></td></tr>
<tr><td>2. 安装空调冷凝器</td><td>将空调冷凝器下部定位装置对准散热器下支架安装孔,慢慢装入</td><td></td><td></td></tr>
<tr><td rowspan="13">九、安装2号风扇罩</td><td rowspan="10">1. 安装2号风扇罩</td><td>1)取下散热器储液罐回水软管的塑料袋</td><td></td><td></td></tr>
<tr><td>2)将散热器储液罐回水软管安装到散热器总成上</td><td></td><td></td></tr>
<tr><td>3)选用鲤鱼钳将锁紧卡子移入阻挡位置</td><td></td><td></td></tr>
<tr><td>4)用手将散热器储液罐回水软管安装到软管卡夹上</td><td></td><td></td></tr>
<tr><td>5)接合2号散热器罩上的两个卡爪</td><td></td><td></td></tr>
<tr><td>6)用手分别将两个固定螺栓正确旋入螺纹处</td><td></td><td></td></tr>
<tr><td>7)选用 10mm 套筒、短接杆及扭力扳手,以 7.0N·m的力矩紧固2号散热器罩两个固定螺栓</td><td></td><td></td></tr>
<tr><td>8)用手分别将两个散热器支架缓冲垫安装到2号风扇罩上</td><td></td><td></td></tr>
<tr><td>9)连接冷却器电动机连接器,并听到“咔哒”声</td><td></td><td></td></tr>
<tr><td>10)将冷却器电动机线束线束固定卡夹安装在散热风扇罩上</td><td></td><td></td></tr>
<tr><td rowspan="3">2. 安装散热器上支架</td><td>1)用手分别将4个固定螺栓依次旋入螺纹处</td><td></td><td></td></tr>
<tr><td>2)选用 10mm 套筒、短接杆及扭力扳手,以 13N·m的力矩分别将4个固定螺栓紧固到散热器上支架上</td><td></td><td></td></tr>
<tr><td>3)分别安装两个喇叭连接器,应听到“咔哒”声</td><td></td><td></td></tr>
</table>

续上表

序号及内容	项目名称	技术说明	观察记录	意见建议
九、安装2号风扇罩	3. 安装与发动机盖锁总成连接的附件	1)依次连接两个发动机盖锁总成线束固定卡子		
		2)连接发动机盖锁总成线束连接器,并听到“咔哒”声		
		3)将发动机盖锁控制拉索安装风扇罩上的卡夹中		
		4)正确连接发动机盖锁控制拉索		
十、连接散热器总成的外围件	1. 连接2号散热器软管(散热器进水管)	1)取下2号散热器软管的塑料袋		
		2)将2号散热器软管安装到散热器总成上		
		3)选用鲤鱼钳将锁紧卡子移入阻挡位置		
	2. 连接3号散热器软管(散热器出水管)	1)取下3号散热器软管的塑料袋		
		2)将3号散热器软管安装到散热器总成上		
		3)选用鲤鱼钳将锁紧卡子移入阻挡位置		
	3. 连接散热器左侧机油冷却器软管	1)取下机油冷却器软管的塑料袋		
		2)分别将机油冷却器软管安装到散热器总成上		
		3)选用鲤鱼钳将锁紧卡子移入阻挡位置		
	4. 连接散热器储液罐出水软管	1)取下热器储液罐出水软管的塑料袋		
		2)将散热器储液罐出水软管安装到散热器总成的相应位置		
		3)选用鲤鱼钳将锁紧卡子移入阻挡位置		
		4)将散热器储液罐出水软管分别固定在两个卡夹中		
		5)用手分别正确将两个固定螺栓旋入螺纹处		
		6)选用10mm套筒、短接杆及扭力扳手,以5.0N·m的力矩顺时针分别紧固两个固定螺栓		
	5. 安装热敏电阻总成	1)用手将热敏电阻总成安装到散热器前端的固定位置,应听到“咔哒”声		
		2)将热敏电阻连接器连接到热敏电阻上,并听到“咔哒”声		
十一、清洁整理工具	1. 清洁工具	清洁		
	2. 恢复/整理工具	扭力扳手归零		
教师点评				

检查与更换散热器工艺单 表 2-68

操作人员:____________ 日期:____________

序号及内容	项目名称	技术说明	操作结果记录	操作数据记录
一、拆下散热器外围件	1. 分离热敏电阻总成	1)按下热敏电阻连接器锁扣,分离热敏电阻连接器		
		2)选用十字螺丝刀垂直顶开热敏电阻总成锁紧卡子的中间位置,并取下热敏电阻总成		
		3)将热敏电阻总成放置在工具车上		
	2. 从散热器上支架上拆下散热器储液罐回水软管的固定件	1)选用10mm套筒、短接杆、棘轮扳手逆时针分别拧松散热器上支架上两个散热器储液罐回水软管的固定螺栓		
		2)分别拆下两个散热器储液罐回水软管的固定螺栓		
		3)用手分别将上软管与两个卡夹分开		
	3. 从散热器总成上断开散热器储液罐出水软管	1)使用鲤鱼钳将储液罐出水软管的锁紧卡子移出阻挡位置		
		2)将散热器储液罐出水软管从散热器总成上断开,用塑料袋套住管口,并移至高处		
	4. 断开3号散热器软管(散热器进水管)	1)使用鲤鱼钳将3号散热器软管的锁紧卡子移出阻挡位置		
		2)将3号散热器软管从散热器总成上断开,用塑料袋套住管口,并移至高处		
	5. 断开2号散热器软管(散热器出水管)	1)使用鲤鱼钳将2号散热器软管的锁紧卡子移出阻挡位置		
		2)将2号散热器软管从散热器总成上断开,用塑料袋套住管口,并移至高处		
	6. 断开散热器左侧机油冷却器软管	1)使用鲤鱼钳将其中一根机油冷却器软管的锁紧卡子移出阻挡位置		
		2)将机油冷却器管从散热器总成上断开,用塑料袋套住管口,并移至高处		
		3)使用鲤鱼钳将另一根机油冷却器软管的锁紧卡子移出阻挡位置		
		4)将机油冷却器管从散热器总成上断开,用塑料袋套住管口,并移至高处		

续上表

序号及内容	项目名称	技术说明	操作结果记录	操作数据记录
二、拆卸2号风扇罩	1. 拆卸与发动机盖锁总成连接的附件	1)按下发动机盖锁总成线束连接器锁扣，分离线束连接器		
		2)选用卡子拆卸工具依次拆下两个线束固定卡子		
		3)断开发动机盖锁控制拉索		
		4)用手依次将发动机盖锁控制拉索与风扇罩上的卡夹分离		
	2. 断开两个喇叭线束连接器	1)按下一个喇叭线束连接器锁扣，分离喇叭连接器		
		2)按上述方法拆卸另一个		
	3. 拆下散热器上支架	1)选用10mm套筒、短接杆、棘轮扳手依次拧松并拆下散热器上支架上的4个固定螺栓		
		2)取下散热器上支架，并摆放在工作台上		
		3)取下散热器支架缓冲垫，并摆放在工作台上		
	4. 从散热器总成上拆下散热器储液罐回水软管	1)将散热器储液罐回水软管从软管卡夹上断开		
		2)使用鲤鱼钳将散热器储液罐回水软管的锁紧卡子移出阻挡位置		
		3)将散热器储液罐回水软管从散热器总成上断开，用塑料袋套住管口，并移至高处		
	5. 拆下2号风扇罩	1)选用10mm套筒、短接杆、棘轮扳手分别拆下散热器总成上的两个固定螺栓		
		2)选用一字螺丝刀依次撬动两个卡爪使风扇罩脱开		
		3)取下风扇罩		
三、拆卸散热器总成	1. 断开冷却液风扇电动机线束连接器和线束卡夹	1)按下冷却液风扇电动机线束连接器锁扣，分离冷却液风扇电动机连接器连接器		
		2)选用卡子拆卸工具09061-1C110将线束卡夹同时从散热器总成上拆下		
	2. 移出空调冷凝器总成	将空调冷凝器总成小心向上微提，让其与散热器下支架分离，并向前放置，以便拆卸散热器		
	3. 拆下散热器总成和风扇罩	慢慢向上提起散热器总成和风扇罩		
	4. 拆下散热器下支架缓冲垫	用手取下散热器下的支架缓冲垫，并放置在工作台上		

续上表

序号及内容	项目名称	技术说明	操作结果记录	操作数据记录
四、拆卸机油冷却器管（自动传动桥）	1. 拆下机油冷却器管的两个固定螺栓	1）选用10mm套筒、短接杆、棘轮扳手，分别逆时针拧松冷却风扇总成上的两个机油冷却器管固定螺栓		
		2）分别拆下两个机油冷却器管固定螺栓，并放置在工作台上		
	2. 拆下散热器右侧两根机油冷却器软管	1）选用鲤鱼钳将一根机油冷却软管锁紧卡子移出阻挡位置		
		2）将机油冷却器软管从机油冷却器上断开，用塑料袋套住管口。		
		3）选用鲤鱼钳将另一根机油冷却软管锁紧卡子移出阻挡位置		
		4）将机油冷却器软管从机油冷却器上断开，用塑料袋套住管口		
		5）同时取下两根机油冷却器管		
五、检查散热器	1. 散热器零件号及外观检查	1）检查新的散热器总成零件号是否正确		
		2）检查外观有无变形损伤		
	2. 散热器密封性检查	1）用SST塞住散热器的进水管和出水管		
		2）使用散热器盖检测仪，给散热器加压至177kPa。将散热器浸入水中，保压5min，应压力无下降，无气泡产生，否则更换散热器		
六、安装风扇罩	安装风扇罩	1）将风扇罩正确安置在散热器总成上		
		2）用手分别将两个固定螺栓旋入螺纹处		
		3）选用10mm套筒、短接杆及扭力扳手依次以7N·m的力矩紧固两个螺栓		
七、安装机油冷却器管（自动传动桥）	1. 安装机油冷却器管固定螺栓	1）用手分别正确将两个固定螺栓旋入螺纹处		
		2）选用10mm套筒、短接杆及扭力扳手以5.5N·m的力矩分别紧固两个固定螺栓		
	2. 连接散热器右侧机油冷却器软管	1）取下一根机油冷却器软管的塑料袋		
		2）将机油冷却器软管与机油冷却器连接		
		3）使用鲤鱼钳，将锁紧卡子移入阻挡位置，并与原压痕重合		
		4）用上述相同方法连接另一根软管		

续上表

序号及内容	项目名称	技术说明	操作结果记录	操作数据记录
八、安装散热器总成	1. 安装散热器总成	1)正确安装散热器下支架(两个缓冲垫)		
		2)慢慢将散热器总成和风扇罩一起安装到散热器下支架上		
	2. 安装空调冷凝器	将空调冷凝器下部定位装置对准散热器下支架安装孔,慢慢装入		
九、安装2号风扇罩	1. 安装2号风扇罩	1)取下散热器储液罐回水软管的塑料袋		
		2)将散热器储液罐回水软管安装到散热器总成上		
		3)选用鲤鱼钳将锁紧卡子移入阻挡位置		
		4)用手将散热器储液罐回水软管安装到软管卡夹上		
		5)接合2号散热器罩上的两个卡爪		
		6)用手分别将两个固定螺栓正确旋入螺纹处		
		7)选用10mm套筒、短接杆及扭力扳手,以7.0N·m的力矩紧固2号散热器罩两个固定螺栓		
		8)用手分别将两个散热器支架缓冲垫安装到2号风扇罩上		
		9)连接冷却器电动机连接器,并听到"咔哒"声		
		10)将冷却器电动机线束线束固定卡夹安装在散热风扇罩		
	2. 安装散热器上支架	1)用手分别将4个固定螺栓依次旋入螺纹处		
		2)选用10mm套筒、短接杆及扭力扳手,以13N·m的力矩分别将4个固定螺栓紧固到散热器上支架		
		3)分别安装两个喇叭连接器,并听到"咔哒"声		
	3. 安装与发动机盖锁总成连接的附件	1)依次连接两个发动机盖锁总成线束固定卡子		
		2)连接发动机盖锁总成线束连接器,并听到"咔哒"声		
		3)将发动机盖锁控制拉索安装风扇罩上的卡夹中		
		4)正确连接发动机盖锁控制拉索		
十、连接散热器总成的外围件	1. 连接2号散热器软管(散热器进水管)	1)取下2号散热器软管的塑料袋		
		2)将2号散热器软管安装到散热器总成上		
		3)选用鲤鱼钳将锁紧卡子移入阻挡位置		

续上表

序号及内容	项目名称	技术说明	操作结果记录	操作数据记录
十、连接散热器总成的外围件	2.连接3号散热器软管(散热器出水管)	1)取下3号散热器软管的塑料袋		
		2)将3号散热器软管安装到散热器总成上		
		3)选用鲤鱼钳将锁紧卡子移入阻挡位置		
	3.连接散热器左侧机油冷却器软管	1)取下机油冷却器软管的塑料袋		
		2)分别将机油冷却器软管安装到散热器总成上		
		3)选用鲤鱼钳将锁紧卡子移入阻挡位置		
	4.连接散热器储液罐出水软管	1)取下热器储液罐出水软管的塑料袋		
		2)将散热器储液罐出水软管安装到散热器总成的相应位置		
		3)选用鲤鱼钳将锁紧卡子移入阻挡位置		
		4)将散热器储液罐出水软管分别固定在两个卡夹中		
		5)用手分别正确将两个固定螺栓旋入螺纹处		
		6)选用10mm套筒、短接杆及扭力扳手,以5.0N·m的力矩顺时针分别紧固两个固定螺栓		
	5.安装热敏电阻总成	1)用手将热敏电阻总成安装到散热器前端的固定位置,并听到"咔哒"声		
		2)将热敏电阻连接器连接到热敏电阻上,应听到"咔哒"声		
十一、清洁整理工具	1.清洁工具	清洁		
	2.恢复/整理工具	扭力扳手归零		
备注说明				

三、检查与更换水泵(表2-69~表2-72)

检查与更换水泵作业流程表 表2-69

操作人员:________ 日期:________

序号及内容	项目名称	技术说明	注意事项
一、排净发动机冷却液	1.排放发动机冷却液	冷机后,用手拧开冷却液储液罐的密封盖	操作时必须戴上防护手套,以免烫伤
	2.放置液体收集器	把液体收集器推放到冷却液排放塞正下方,并调节液体收集器到合适高度	

续上表

序号及内容	项目名称	技术说明	注意事项
一、排净发动机冷却液	3. 拆下散热器放水螺塞和发动机放水螺塞	发动机和散热器没有冷却下来,不要将散热器放水螺塞和发动机放水螺塞打开	(1)将冷却液收集到容器中,按所在地的法规进行合理处理 (2)发动机放水螺塞在排气歧管侧发电机后面
二、拆卸水泵总成	1. 从正时链条盖上(分两次)拆卸5个水泵固定螺栓	拆卸固定螺栓时,选用合适的工具,防止螺栓拧松过程中打滑	拆卸中如果看不清楚,可借用手电筒
	2. 取下水泵	如果水泵拆卸困难,可用橡胶榔头轻轻敲击水泵皮带轮	取下水泵时要小心,不能碰撞缸壁
	3. 取下水泵密封衬垫	水泵旧密封衬垫要清理干净,汽缸体上不能有残留物	如果密封衬垫有黏附现象,应使用铲刀将接合面清理干净
三、目视检查水泵总成	1. 目检水泵周围有无冷却液泄漏痕迹点	根据水泵周围泄漏痕迹情况判断是更换水泵。若泄漏严重,必须更换	检查中如果看不清楚,可借用手电筒
	2. 目检水泵有无裂纹,破损	目视检查水泵是否有裂纹、破损等,如有则必须更换水泵	检查时要小心,防止掉落损坏水泵
	3. 目检水泵固定螺栓有无变形,螺栓螺纹有无缺牙	目视检查水泵固定螺栓是否有变形、损坏、锈蚀缺牙。如果有,则必须更换	检查时要小心,防止掉落损坏螺栓
四、检查新水泵	1. 检查新水泵的零件号	新水泵零件号要与旧水泵零件号一致	检查过程中,防止新水泵内侧有磕碰
	2. 新的水泵目测检查,外观应无腐蚀,无破损	新水泵应无腐蚀,无破损,无裂纹等缺陷,否则应更换其他新件	
	3. 转动水泵皮带轮应无噪声,无卡滞现象	转动水泵应能转动自如,且无噪声,无卡滞现象	(1)转动水泵时,防止水泵打到手 (2)转动水泵时,水泵转动圈数至少在两圈以上
五、检查新密封垫	1. 新的密封衬垫应无破损,无变形,无老化现象	新的密封垫,要求无破损,无变形,无老化。否则应更换新的密封件	
	2. 将新密封衬垫扣于正时链条盖上,表面应与正时链条盖完全贴合,不能有间隙	新密封衬垫与链条盖接触时,表面应能完全贴合,且无间隙	安装和调整间隙过程中,不能使用密封胶进行间隙的密封和调整
六、安装密封衬垫	1. 清洁缸体水泵基孔平面	汽缸体上不能有残留物,如果密封衬垫有黏附现象,应使用铲刀将接合面清理干净	用铲刀清除残留物时,防止划伤缺体表面

续上表

序号及内容	项目名称	技术说明	注意事项
六、安装密封衬垫	2. 将密封衬垫正确安装到正时链条盖的凹槽中	将新密封衬垫扣于正时链条盖上,表面应与正时链条盖完全贴合,不能有间隙	(1)安装新密封衬时,要注意不能损坏密封垫
			(2)密封垫安装时,要注意安装方向,印有"TOP"字样的,应朝向外侧
			(3)安装好后,应使螺栓孔和定位孔完全与泵体表面一致
七、安装水泵	1. 将水泵正确安装在座孔中	安装水泵时,保证螺栓孔定中	水泵安装时,注意不能和发动机有碰撞,防止损坏水泵
	2. 用手旋入5个固定螺栓	使用手旋入5个水泵固定螺栓,也可使用套筒和接杆组合工具旋入固定螺栓	固定螺栓旋入时,如遇阻力过大应旋出检查,严禁使用工具强行拧入
	3. 使用10mm套筒和扭力扳手,拧紧固定螺栓	交叉均匀拧紧水泵的固定螺栓,拧紧力矩为24N·m	
八、清洁整理工具	1. 清洁工具	清洁	
	2. 恢复/整理工具	扭力扳手归零	
备注			

检查与更换水泵评分表 表2-70

操作人员:__________ 操作人员:__________ 日期:__________ 得分:__________

序号	项目名称	评分细则	分值	得分	原因
一	排净发动机冷却液(14分)	1. 正确选用合适工具(4分)	4		
		2. 拆下散热器放水螺塞(2分);发动机放水螺塞(2分)	4		
		3. 拧下散热器储液罐盖(2分)	2		
		4. 选用合适工具存放冷却液(4分)	4		
二	拆卸水泵总成(12分)	1. 选用正确的拆装工具(4分)	4		
		2. 从正时链条盖上(分两次)(2分);拆卸5个水泵固定螺栓(2分)	4		
		3. 取下水泵(2分);取下水泵密封衬垫(2分)	4		
三	目视检查水泵总成(12分)	1. 目检水泵周围有无冷却液泄漏痕迹点(4分)	4		
		2. 目检水泵有无裂纹(2分);破损(2分)	4		
		3. 目检水泵固定螺栓有无变形(2分);螺栓螺纹有无缺牙(1分)	3		

续上表

序号	项目名称	评分细则	分值	得分	原因
四	检查新水泵(10分)	1. 检查新水泵的零件号(3分)	3		
		2. 新的水泵目测检查,外观应无腐蚀(2分);无破损(2分)	4		
		3. 转动水泵皮带轮应无噪声(2分);无卡滞现象(2分)	4		
五	检查新密封垫(10分)	1. 新的密封衬垫应无破损(2分);无变形(2分);无老化现象(2分)	6		
		2. 将新密封衬垫扣于正时链条盖上,表面应与正时链条盖完全贴合,不能有间隙(4分)	4		
六	安装密封衬垫(8分)	1. 清洁缸体水泵基孔平面(5分)	5		
		2. 将密封衬垫正确安装到正时链条盖的凹槽中(3分)	3		
七	安装水泵(24分)	1. 将水泵正确安装在座孔中,保证螺栓孔定中(5分)	5		
		2. 用手旋入5个固定螺栓(5分)	5		
		3. 选用正确的拆装工具(4分)	4		
		4. 使用10mm套筒和扭力扳手,交叉均匀拧紧水泵的固定螺栓(5分);拧紧力矩24N·m(5分)	10		
八	5S清洁整理(10分)	1. 清洁工具,每次1分	3		
		2. 恢复/整理工具(2分);扭力扳手归位(1分)	3		
		3. 操作中是否有物体落地或损坏(共4分,可倒扣)	4		
总分			100		

检查与更换水泵观察表　　表2-71

观察人员:________　　操作人员:________　　日期:________

序号及内容	项目名称	观察记录	意见建议
一、排净发动机冷却液	1. 拆下散热器放水螺塞		
	2. 拆卸发动机放水螺塞		
	3. 拧下散热器储液罐盖		
	4. 选用合适工具存放冷却液		
二、拆卸水泵总成	1. 拆卸5个水泵固定螺栓		
	2. 取下水泵固定螺栓		
	3. 取下水泵		
	4. 取下水泵密封衬垫		
三、目视检查水泵总成	1. 目检水泵周围有无冷却液泄漏痕迹点		
	2. 目检水泵有无裂纹、破损		
	3. 目检水泵固定螺栓有无变形,螺栓螺纹有无缺牙		

续上表

序号及内容	项 目 名 称	观察记录	意见建议
四、检查新水泵	1. 检查新水泵的零件号		
	2. 新的水泵目测检查,外观应无腐蚀、无破损		
	3. 转动水泵皮带轮应无噪声、无卡滞现象		
五、检查新密封垫	1. 新的密封衬垫应无破损、无变形、无老化现象		
	2. 检查新密封衬垫配合间隙		
六、安装密封衬垫	1. 清洁缸体水泵基孔平面		
	2. 安装新密封垫		
七、安装水泵	1. 将水泵正确安装在座孔中		
	2. 用手旋入 5 个固定螺栓		
	3. 使用 10mm 套筒和扭力扳手,交叉均匀拧紧水泵的固定螺栓		
八、清洁整理工具	1. 清洁工具		
	2. 恢复/整理工具		
教师点评			

检查与更换水泵操作工艺单 表 2-72

操作人员:____________ 日期:____________

序号及内容	项 目 名 称	操作结果记录	操作数据记录
一、排净发动机冷却液	1. 拆下散热器放水螺塞		
	2. 拆卸发动机放水螺塞		
	3. 拧下散热器储液罐盖		
	4. 选用合适工具存放冷却液		
二、拆卸水泵总成	1. 松开 5 个水泵固定螺栓		
	2. 取下水泵固定螺栓		
	3. 取下水泵		
	4. 取下水泵密封衬垫		
三、目视检查水泵总成	1. 目检水泵周围有无冷却液泄漏痕迹点		
	2. 目检水泵有无裂纹、破损		
	3. 目检水泵固定螺栓有无变形、螺栓螺纹有无缺牙		
四、检查新水泵	1. 检查新水泵的零件号		
	2. 新的水泵目测检查,外观应无腐蚀、无破损		
	3. 转动水泵皮带轮应无噪声、无卡滞现象		
五、检查新密封垫	1. 新的密封衬垫应无破损、无变形、无老化现象		
	2. 检查新密封衬垫配合间隙		

续上表

序号及内容	项目名称	操作结果记录	操作数据记录
六、安装密封衬垫	1. 清洁缸体水泵基孔平面		
	2. 安装新密封垫		
七、安装水泵	1. 将水泵正确安装在座孔中		
	2. 用手旋入5个固定螺栓		
	3. 使用10mm套筒和扭力扳手,交叉均匀拧紧水泵的固定螺栓		
八、清洁整理工具	1. 清洁工具		
	2. 恢复/整理工具		
备注说明			

第七节 点火系

一、检查点火正时(表2-73~表2-76)

检查点火正时作业流程表 表2-73

操作人员:____________ 日期:____________

序号及内容	项目名称	技术说明	注意事项
一、使用汽车故障电脑诊断仪进行检查	1. 暖机并停止发动机	1)起动发动机运转一段时间,使发动机温度不低于80℃	应检查变速器挡位、手制动的位置、离合器状态
		2)关闭发动机	
	2. 连接汽车故障电脑诊断仪	将汽车故障电脑诊断仪的插头连接到车辆检测端口DLC3	点火开关必须处于OFF位置
	3. 将点火开关置于ON位置	将点火开关置于ON位置	
	4. 选择菜单项	选择菜单项:Powertrain/Engine and ECT/Active Test/TC(TE1)/ON	汽车故障电脑诊断仪的使用
	5. 在怠速下检查点火正时	在怠速下检查点火正时	(1)确认所有电器系统和空调处于关闭状态
			(2)确认变速器挡位处于空挡
			(3)在冷却风扇关闭时检查点火正时
	6. 取下汽车故障电脑诊断仪	1)选择菜单:TC(TE1)/OFF,将点火开关置于OFF挡位置	参见相关内容
		2)从DLC3上断开汽车故障电脑诊断仪	

续上表

序号及内容	项目名称	技术说明	注意事项
二、使用点火正时灯进行检查	1.拆下发动机罩盖	取下发动机罩盖时,依次提起发动机罩盖的前后两端,再取下发动机罩盖	参见相关内容
	2.暖机并停止发动机	发动机运转一段时间,使发动机温度不低于80℃,并关闭发动机	应检查变速器挡位、手制动的位置、离合器状态
	3.连接点火正时灯	将点火正时灯的感应夹连接至第一缸点火信号线,两根电源线连接至蓄电池的正负两极上	参见相关内容
	4.将点火开关置于ON位置	将点火开关置于ON位置	参见相关内容
	5.在怠速下检查点火正时	起动发动机保持发动机在怠速下运转,怠速(700 ± 50r/min)下发动机点火正时:8~12°BTDC。按下点火正时灯开关,第一缸点火时正时灯点亮,对上曲轴皮带轮上的标记灯照正时记号。这样就能测得基本点火时间	确认所有电器系统和空调处于关闭状态;确认变速器挡位处于空挡;确认冷却风扇处于关闭时检查点火正时
	6.取下点火正时灯	将点火开关置于OFF位置,拆下点火正时灯连线	
	7.安装发动机盖罩	安装发动机盖罩	
三、清洁整理工具	1.清洁工具	清洁	
	2.恢复/整理工具	扭力扳手归零	
备注			

检查点火正时评分表

表2-74

操作人员:________ 操作人员:________ 日期:________ 得分:________

序号	项目名称	评分细则	分值	得分	原因
一	使用汽车故障电脑诊断仪进行检查(40分)	1.暖机并停止发动机	7		
		2.连接汽车故障电脑诊断仪	7		
		3.将点火开关置于ON位置	5		
		4.选择菜单项	7		
		5.在怠速下检查点火正时	7		
		6.取下汽车故障电脑诊断仪	7		
二	使用点火正时灯进行检查(50分)	1.拆下发动机罩盖	7		
		2.暖机并停止发动机	7		
		3.连接点火正时灯	7		

续上表

序号	项 目 名 称	评 分 细 则	分值	得分	原因
二	使用点火正时灯进行检查(50 分)	4. 将点火开关置于 ON 位置	7		
		5. 在怠速下检查点火正时	8		
		6. 取下点火正时灯	7		
		7. 安装发动机盖罩	7		
三	5S 清洁整理(10 分)	1. 清洁工具,每次 1 分	3		
		2. 恢复/整理工具(2 分);扭力扳手归位(1 分)	3		
		3. 操作中是否有物体落地或损坏(共 4 分,可倒扣)	4		
		总　　分	100		

检查点火正时观察表　　表 2-75

观察人员:____________　　操作人员:____________　　日期:____________

序号及内容	项 目 名 称	观察记录	意见建议
一、使用汽车故障电脑诊断仪进行检查	1. 暖机并停止发动机		
	2. 连接汽车故障电脑诊断仪		
	3. 将点火开关置于 ON 位置		
	4. 选择菜单项		
	5. 在怠速下检查点火正时		
	6. 取下汽车故障电脑诊断仪		
二、使用点火正时灯进行检查	1. 拆下发动机罩盖		
	2. 暖机并停止发动机		
	3. 连接点火正时灯		
	4. 将点火开关置于 ON 位置		
	5. 在怠速下检查点火正时		
	6. 取下点火正时灯		
三、清洁整理工具	1. 清洁工具		
	2. 恢复/整理工具		
教师点评			

检查点火正时操作工艺单　　表 2-76

操作人员:____________　　日期:____________

序号及内容	项 目 名 称	操作结果记录	操作数据记录
一、使用汽车故障电脑诊断仪进行检查	1. 暖机并停止发动机		
	2. 连接汽车故障电脑诊断仪		
	3. 将点火开关置于 ON 位置		
	4. 选择菜单项		
	5. 在怠速下检查点火正时		
	6. 取下汽车故障电脑诊断仪		

续上表

序号及内容	项目名称	操作结果记录	操作数据记录
二、使用点火正时灯进行检查	1. 拆下发动机罩盖		
	2. 暖机并停止发动机		
	3. 连接点火正时灯		
	4. 将点火开关置于 ON 位置		
	5. 在怠速下检查点火正时		
	6. 取下点火正时灯		
三、清洁整理工具	1. 清洁工具		
	2. 恢复/整理工具		
备注说明			

二、检查与更换点火线圈总成(表 2-77 ~ 表 2-80)

检查与更换点火线圈总成作业流程表 表 2-77

操作人员:____________ 日期:____________

序号及内容	项目名称	技术说明	注意事项
一、拆卸点火线圈周围件	1. 拆卸汽缸盖罩	1)左手按住发动机盖罩,右手深入罩盖后部的下边缘轻轻向上拉,听到“咔哒”声则脱开发动机罩盖的后部左侧 1 号卡子	(1)操作时需佩戴手套; (2)脱开固定卡子时,应将手尽量靠近固定点,且另一只手应按在发动机盖罩上; (3)同时脱开前后卡子可能会导致汽缸盖罩破裂
		2)使用类似方法依次脱开右后 2 号卡子、左前 3 号卡子、右前 4 号卡子	
	2. 断开 1 缸点火线圈连接器	按下点火线圈总成连接器锁扣,分离点火线圈总成连接器	(1)断开连接器时,先按压锁止扣,当确认锁止装置完全脱离后,方可拔下连接器
			(2)若锁止装置无法解除,则尝试边按压锁止扣边向内推直至锁止装置完全解除方可拔下连接器
			(3)禁止在线束端借用外力拔下连接器
二、拆卸点火线圈总成	1. 清洁点火线圈总成周围	用压缩空气对点火线圈总成周围进行清洁	清洁时,应使用清洁抹布罩在上面,防止灰尘飞起
	2. 拆卸 1 缸点火线圈固定螺栓	选用 10mm 套筒、长接杆及棘轮扳手,正确拆卸 1 缸点火线圈固定螺栓,取出螺栓后摆放到零件车上	松开点火线圈固定螺栓后,用手取下螺栓,防止掉落

续上表

序号及内容	项目名称	技术说明	注意事项
二、拆卸点火线圈总成	3. 拔出点火线圈总成	垂直拔出（两只手摆放位置），点火线圈总成，拔出后摆放到零件车上	(1)点火线圈总成如拔不出，不要硬拔，先左右旋动点火线圈总成，使火花塞与点火线圈总成的胶套松动，然后再垂直拔出点火线圈总成 (2)拆下点火线圈总成时，不要损坏点火线圈总成中发动机缸盖罩及火花塞套管部分
三、检查点火线圈总成	1. 检查点火线圈总成与火花塞套接部位	1)检查点火线圈总成与火花塞套接部位是否老化、损坏、烧蚀、裂纹，如有，则更换	检查老化时，可用手捏套接处进行检查
		2)检查点火线圈总成上火花塞帽内是否生锈、腐蚀；如果是，则更换	
	2. 换用新点火线圈总成	1)检查和确认新的点火线圈总成的零件号是否正确	检查损坏、有裂痕时，可用手捏套接处进行检查
		2)检查新的点火线圈外观是否完好	
四、安装点火线圈总成	1. 清洁发动机上火花塞套管	用压缩空气对发动机上火花塞套管进行清洁	清洁时，应使用清洁抹布罩在上面，防止油污飞起
	2. 安装点火线圈总成	1)点火线圈总成放入时应先对正火花塞头部套接部位，再对准点火线圈总成固定螺栓孔，然后垂直压入点火线圈总成	安装点火线圈总成时，位置要安装到位
		2)压入时，应感觉到由松到紧再由紧到松的过程，保证点火线圈总成上的螺栓孔底部与汽缸盖上的螺栓孔底部平行接触	
		3)将点火线圈总成压到与螺栓平面平行接触时	
	3. 安装点火线圈总成固定螺栓	1)用手将点火线圈固定螺栓正确旋入螺纹处	安装点火线圈总成时，不要损坏点火线圈总成中发动机缸盖罩及火花塞套管部分
		2)选用10mm套筒及扭力扳手以10N·m的力矩紧固点火线圈固定螺栓	
	4. 插接点火线圈线束连接器	插接点火线圈连接器，确保连接器可靠锁止	(1)线束的插头和插座必须对正，并且轻轻推入锁止，确认听到锁止到位的“咔哒”声
			(2)推入后轻轻向外拉动连接器，确认可靠锁止

续上表

序号及内容	项目名称	技术说明	注意事项
四、安装点火线圈总成	5.安装发动机盖罩	1)双手前后握住发动机盖罩,使发动机盖罩两缺口与发动机机油加注盖、机油尺部位对正,以确定四个锁孔位置对正	安装固定卡子时,应将手尽量靠近固定点,且另一只手应按在发动机盖罩上
		2)左手按住发动机盖罩右后侧,右手按下右前端4号卡子,听到“咔哒”声,则确认安装到位	
		3)使用类似方法依次按下左前3号卡子、右后2号卡子、右后1号卡子,确保安装到位	
五、清洁整理工具	1.清洁工具	清洁	
	2.恢复/整理工具	扭力扳手归零	
备注			

检查与更换点火线圈总成操作评分表 表2-78

操作人员:__________ 操作人员:__________ 日期:__________ 得分:__________

序号及内容	项目名称	技术说明	分值	得分	原因
一、拆卸点火线圈周围件	1.拆卸汽缸盖罩(8分)	1)左手按住发动机盖罩,右手深入罩盖后部的下边缘轻轻向上拉,听到“咔哒”声则脱开发动机罩盖的后部左侧1号卡子	2		
		2)使用类似方法依次脱开右后2号卡子、左前3号卡子、右前4号卡子	6		
	2.断开1缸点火线圈连接器(3分)	按下点火线圈总成连接器锁扣,分离点火线圈总成连接器	3		
二、拆卸点火线圈总成	1.清洁点火线圈总成周围(2分)	用压缩空气对点火线圈总成周围进行清洁	2		
	2.拆卸1缸点火线圈固定螺栓(2分)	选用10mm套筒、长接杆及棘轮扳手,正确拆卸1缸点火线圈固定螺栓,取出螺栓后摆放到零件车上	2		
	3.拔出点火线圈总成(2分)	垂直拔出(两只手摆放位置),点火线圈总成,拔出后摆放到零件车上	2		
三、检查点火线圈总成	1.检查点火线圈总成与火花塞套接部位(7分)	1)检查点火线圈总成与火花塞套接部位是否老化、损坏、烧蚀、裂纹;如果是,则更换	3		
		2)检查点火线圈总成上火花塞帽内是否生锈、腐蚀;如果是,则更换	4		
	2.换用新点火线圈总成(2分)	1)检查和确认新的点火线圈总成的零件号是否正确	2		
		2)检查新的点火线圈外观是否完好			

续上表

序号及内容	项 目 名 称	技 术 说 明	分值	得分	原因
四、安装点火线圈总成	1. 清洁发动机上火花塞套管(3分)	用压缩空气对发动机上火花塞套管进行清洁	3		
	2. 安装点火线圈总成(9分)	1)点火线圈总成放入时应先对正火花塞头部套接部位,再对准点火线圈总成固定螺栓孔,然后垂直压入点火线圈总成	3		
		2)压入时,应感觉到由松到紧再由紧到松的过程,以保证点火线圈总成上的螺栓孔底部与汽缸盖上的螺栓孔底部平行接触	3		
		3)将点火线圈总成压到与螺栓平面平行接触时	3		
	3. 安装点火线圈总成固定螺栓(7分)	1)用手将点火线圈固定螺栓正确旋入螺纹处	3		
		2)选用10mm套筒及扭力扳手以10N·m的力矩紧固点火线圈固定螺栓	4		
	4. 插接点火线圈线束连接器(3分)	插接点火线圈连接器,确保连接器可靠锁止	3		
	5. 安装发动机盖罩(10分)	1)双手前后握住发动机盖罩,使发动机盖罩两缺口与发动机机油加注盖、机油尺部位对正,以确定4个锁孔位置对正	2		
		2)左手按住发动机盖罩右后侧,右手按下右前端4号卡子,听到“咔哒”声,则确认安装到位	2		
		3)使用类似方法依次按下左前3号卡子、右后2号卡子、右后1号卡子,确保安装到位	6		
五、清洁整理工具	1. 清洁工具(2分)	清洁	2		
	2. 恢复/整理工具(2分)	扭力扳手归零	2		
	3. 操作中是否有物体落地或损坏(共4分,可倒扣)		4		
		总　　分	66		

检查与更换点火线圈总成观察表　　表2-79

观察人员:__________　操作人员:__________　日期:__________

序号及内容	项 目 名 称	技 术 说 明	观察记录	意见建议
一、拆卸点火线圈周围件	1. 拆卸汽缸盖罩	1)左手按住发动机盖罩,右手深入罩盖后部的下边缘轻轻向上拉,听到“咔哒”声则脱开发动机罩盖的后部左侧1号卡子		
		2)使用类似方法依次脱开右后2号卡子、左前3号卡子、右前4号卡子		
	2. 断开1缸点火线圈连接器	按下点火线圈总成连接器锁扣,分离点火线圈总成连接器		

续上表

序号及内容	项目名称	技术说明	观察记录	意见建议
二、拆卸点火线圈总成	1. 清洁点火线圈总成周围	利用压缩空气对点火线圈总成周围进行清洁		
	2. 拆卸1缸点火线圈固定螺栓	选用10mm套筒、长接杆及棘轮扳手,正确拆卸1缸点火线圈固定螺栓,取出螺栓后摆放到零件车上		
	3. 拔出点火线圈总成	垂直拔出(两只手摆放位置),点火线圈总成,拔出后摆放到零件车上		
三、检查点火线圈总成	1. 检查点火线圈总成与火花塞套接部位	1)检查点火线圈总成与火花塞套接部位是否老化、损坏、烧蚀、裂纹;如果是,则更换		
		2)检查点火线圈总成上火花塞帽内是否生锈、腐蚀;如果是,则更换		
	2. 换用新点火线圈总成	1)检查和确认新的点火线圈总成的零件号是否正确		
		2)检查新的点火线圈外观是否完好		
四、安装点火线圈总成	1. 清洁发动机上火花塞套管	用压缩空气对发动机上火花塞套管进行清洁		
	2. 安装点火线圈总成	1)点火线圈总成放入时应先对正火花塞头部套接部位,再对准点火线圈总成固定螺栓孔,然后垂直压入点火线圈总成		
		2)压入时,应感觉到由松到紧再由紧到松的过程,以保证点火线圈总成上的螺栓孔底部与汽缸盖上的螺栓孔底部平行接触		
		3)将点火线圈总成压到与螺栓平面平行接触时		
	3. 安装点火线圈总成固定螺栓	1)用手将点火线圈固定螺栓正确旋入螺纹处		
		2)选用10mm套筒及扭力扳手以10N·m的力矩紧固点火线圈固定螺栓		
	4. 插接点火线圈线束连接器	插接点火线圈连接器,确保连接器可靠锁止		
	5. 安装发动机盖罩	1)双手前后握住发动机盖罩,使发动机盖罩两缺口与发动机机油加注盖、机油尺部位对正,以确定4个锁孔位置对正		
		2)左手按住发动机盖罩右后侧,右手按下右前端4号卡子,听到“咔哒”声,则确认安装到位		
		3)使用类似方法依次按下左前3号卡子、右后2号卡子、右后1号卡子,确保安装到位		

续上表

序号及内容	项目名称	技术说明	观察记录	意见建议
五、清洁整理工具	1.清洁工具	清洁		
	2.恢复/整理工具	扭力扳手归零		
教师点评				

检查与更换点火线圈总成观察表　　表2-80

观察人员:__________　　操作人员:__________　　日期:__________

序号及内容	项目名称	技术说明	操作结果记录	操作数据记录
一、拆卸点火线圈周围件	1.拆卸汽缸盖罩	1)左手按住发动机盖罩,右手深入罩盖后部的下边缘轻轻向上拉,听到“咔哒”声则脱开发动机罩盖的后部左侧1号卡子		
		2)使用类似方法依次脱开右后2号卡子、左前3号卡子、右前4号卡子		
	2.断开1缸点火线圈连接器	按下点火线圈总成连接器锁扣,分离点火线圈总成连接器		
二、拆卸点火线圈总成	1.清洁点火线圈总成周围	用压缩空气对点火线圈总成周围进行清洁		
	2.拆卸1缸点火线圈固定螺栓	选用10mm套筒、长接杆及棘轮扳手,正确拆卸1缸点火线圈固定螺栓,取出螺栓后摆放到零件车上		
	3.拔出点火线圈总成	垂直拔出(两只手摆放位置)点火线圈总成,拔出后摆放到零件车上		
三、检查点火线圈总成	1.检查点火线圈总成与火花塞套接部位	1)检查点火线圈总成与火花塞套接部位是否老化、损坏、烧蚀、裂纹;如果是,则更换		
		2)检查点火线圈总成上火花塞帽内是否生锈、腐蚀;如果是,则更换		
	2.换用新点火线圈总成	1)检查和确认新的点火线圈总成的零件号是否正确		
		2)检查新的点火线圈外观是否完好		
四、安装点火线圈总成	1.清洁发动机上火花塞套管	用压缩空气对发动机上火花塞套管进行清洁		
	2.安装点火线圈总成	1)点火线圈总成放入时应先对正火花塞头部套接部位,再对准点火线圈总成固定螺栓孔,然后垂直压入点火线圈总成		

续上表

序号	项目名称	技术说明	操作结果记录	操作数据记录
四、安装点火线圈总成	2.安装点火线圈总成	2)压入时,应感觉到由松到紧再由紧到松的过程,以保证点火线圈总成上的螺栓孔底部与汽缸盖上的螺栓孔底部平行接触		
		3)将点火线圈总成压到与螺栓平面平行接触时		
	3.安装点火线圈总成固定螺栓	1)用手将点火线圈固定螺栓正确旋入螺纹处		
		2)选用10mm套筒及扭力扳手以10N·m的力矩紧固点火线圈固定螺栓		
	4.插接点火线圈线束连接器	插接点火线圈连接器,确保连接器可靠锁止		
	5.安装发动机盖罩	1)双手前后握住发动机盖罩,使发动机盖罩两缺口与发动机机油加注盖、机油尺部位对正,以确定4个锁孔位置对正		
		2)左手按住发动机盖罩右后侧,右手按下右前端4号卡子,听到"咔哒"声,则确认安装到位		
		3)使用类似方法依次按下左前3号卡子、右后2号卡子、右后1号卡子,确保安装到位		
五、清洁整理工具	1.清洁工具	清洁		
	2.恢复/整理工具	扭力扳手归零		
教师点评				

三、检查与更换火花塞(表2-81~表2-84)

检查与更换火花塞作业流程表 表2-81

操作人员:__________ 日期:__________

序号及内容	项目名称	技术说明	注意事项
一、取下点火线圈	1.拔下点火线圈线束连接器	1)按下点火线圈线束连接器锁舌	(1)再次确认点火开关置于OFF位置
			(2)断开点火线圈连接器时,先按压锁止扣,当确认锁止装置完全脱离后,方可拔下连接器
		2)将点火线圈线束连接器向外拔出	(1)若锁止装置无法解除,则尝试边按压锁止扣边向内推,直至锁止装置完全解除方可拔下连接器
			(2)禁止在线束端借用外力拔下连接器

续上表

序号及内容	项目名称	技术说明	注意事项
一、取下点火线圈	2. 拆卸点火线圈固定螺栓	选用10mm套筒和棘轮扳手旋转螺栓,再用手将其旋出并放到零件车上	根据点火线圈固定螺栓规格选择合适的工具,拆卸螺栓
	3. 拔出点火线圈	垂直拔出点火线圈,按顺序放到零件车上	(1)在拔出点火线圈时用力要注意,防止伤手
			(2)点火线圈放在零件车上须做好标记
二、拆卸火花塞	1. 检查火花塞套筒是否损坏	套筒内橡胶检查	检查中如果看不清楚,可借用手电筒
	2. 旋松火花塞	用棘轮扳手、节杆、火花塞套筒旋松火花塞	(1)必须先将火花塞套筒与火花塞中心对正,再放入
			(2)工具放入时要小心,不能碰撞缸壁
	3. 旋出火花塞	摘下棘轮,再用手拧动	在拧动时要注意火花塞的螺纹的圈数
	4. 从火花塞套筒取下火花塞放到工具车	将工具和火花塞一同取出	(1)取出火花塞时,注意火花塞不能碰到孔壁,防止脱落
			(2)必须按顺序进行摆放
三、目视检查点火线圈	1. 目视检查点火线圈与火花塞套接处是否生锈、烧蚀或损坏	根据火花塞电极烧蚀情况判断火花塞是否可以继续使用。若烧蚀严重,必须更换	要检查时要小心,防止掉落损坏火花塞
	2. 目视检查点火线圈侧连接器是否有变形、损坏或锈蚀	目视检查点火线圈侧连接器是否有变形、损坏或锈蚀	要检查时要小心,防止掉落损坏火花塞
	3. 目视检查点火线圈线束侧连接器是否有变形、损坏或锈蚀	目视检查点火线圈线束侧连接器是否有变形、损坏或锈蚀。线束连接是否可靠、损坏	要检查时要小心,防止掉落损坏火花塞
四、目视检查火花塞	1. 检查螺纹是否完好	检查螺纹是否完好	要检查过程中,手不可以触碰到螺纹处
	2. 陶瓷是否有裂纹	陶瓷是否有裂纹	
	3. 火花塞与点火线圈套接部位锈蚀烧蚀	火花塞与点火线圈套接部位是否锈蚀烧蚀	
	4. 检查火花塞电极状况是否正常	根据火花塞电极烧蚀情况判断火花塞是否可以继续使用。若烧蚀严重,必须更换	(1)不要用其他工具去碰火花塞电极
			(2)检查时要小心,防止掉落损坏火花塞
五、检查火花塞电极间隙	1. 清洁选用火花塞专用量规测量	先选择测量规,清洁进行测量	每次选择后,必须清洁测量规
	2. 测量火花塞电极间隙	用火花塞专用测量规进行测量,标准间隙:1.0~1.1mm	在测量过程中要轻轻放入,以免损坏
	3. 清洁火花塞专用量规	清洁花塞专用量规,并将其放到盒中	放入之前,可再涂上机油

续上表

序号及内容	项目名称	技术说明	注意事项
六、安装火花塞	1. 将火花塞装入火花塞套筒中	先装长节杆	根据火花塞安装位置,选择正确的加长杆
	2. 用长节杆和火花塞套筒拧紧火花塞	将火花塞正确插入火花塞套筒,握住工具,连同火花塞正确放入安装位置,并用手正确旋入螺纹,直到拧不动为止	(1)安装前检查火花塞套筒是否卡紧火花塞
			(2)放入时,不能磕碰火花塞孔壁
			(3)在火花塞旋入螺纹时应对正,并能顺利旋入,如遇阻力过大时应旋出检查
	3. 用扭力扳手紧固火花塞	使用扭力扳手,按规定力矩拧紧火花塞。标准力矩:20N·m	紧固时,套筒要完全与螺栓配合,并注意用力
七、安装点火线圈	1. 安装点火线圈	将点火线圈按正确位置放入,并安装到位	点火线圈放入时要对准要慢,不能碰到缸壁
	2. 安装点火线圈固定螺栓	将点火线圈固定螺栓正确旋入,并用扭力扳手按规定力矩拧紧。标准力矩:10N·m	
	3. 插接点火线圈线束连接器	插接点火线圈连接器,确保锁止可靠	确保连接器安装到位,连接器锁止可靠
八、清洁整理工具	1. 清洁工具	清洁	
	2. 恢复/整理工具	扭力扳手归零	
备注			

检查与更换火花塞评分表 表2-82

操作人员:________ 操作人员:________ 日期:________ 得分:________

序号	项目名称	评分细则	分值	得分	原因
一	取下点火线圈(10分)	1. 拔点火线圈连接器方法正确(1分);线束无损伤(2分)	3		
		2. 拆卸点火线圈固定螺栓方法正确(2分);选用工具正确(1分);螺栓放置是否整齐(1分)	4		
		3. 拔出点火线圈动作是否垂直(2分);放置是否整齐(1分)	3		
二	拆卸火花塞(13分)	1. 是否检查火花塞套筒损坏(2分)	2		
		2. 选用正确工具(棘轮扳手、长节杆、火花塞套筒)旋松火花塞(3分);操作动作是否正确(1分)	4		
		3. 用长节杆、火花塞套筒旋出火花塞(1分);火花塞套筒与火花塞中心对正(2分)	3		
		4. 火花塞不能碰到孔壁(1分);防止脱落(2分);放到工具车上(1分)	4		

续上表

序号	项 目 名 称	评 分 细 则	分值	得分	原因
三	目视检查点火线圈(9分)	1. 点火线圈与火花塞套接处是否生锈(1分);烧蚀(1分)或损坏(1分)	3		
		2. 点火线圈连接器是否有变形(1分);损坏(1分)或锈蚀(1分)	3		
		3. 点火线圈线束侧连接器是否有变形(1分);损坏(1分)或锈蚀(1分)	3		
四	目视检查火花塞(12分)	1. 检查螺纹是否完好(3分)	3		
		2. 陶瓷是否有裂纹(2分)	2		
		3. 火花塞与点火线圈套接部位是否锈蚀或烧蚀(3分)	3		
		4. 检查火花塞电极状况是否正常(4分)	4		
五	检查火花塞电极间隙(13分)	1. 清洁火花塞专用量规测量(2分);量程选择正确(2分)	4		
		2. 测量火花塞电极间隙方法正确(3分);结果判断正确(4分)。标准间隙:1.0~1.1mm	7		
		3. 清洁火花塞专用量规(2分)	2		
六	安装火花塞(18分)	1. 先连接长节杆和套筒(1分);再将火花塞正确装入火花塞套筒(1分);火花塞套筒是否卡紧火花塞(3分)	5		
		2. 用长节杆和火花塞套筒拧紧火花塞(2分);放入时不能磕碰火花塞孔壁(3分);在打紧时能顺序拧紧无卡滞(3分)	8		
		3. 扭力扳手力矩调节正确(2分);操作方法正确(3分)。标准力矩:18N·m	5		
七	安装点火线圈(15分)	1. 点火线圈对准火花塞方向(2分);安装是否到位(2分)	4		
		2. 先用手旋紧点火线圈固定螺栓(1分);再用节杆和套筒旋紧(2分);再用扭力扳手紧固(3分)。标准力矩:10N·m	6		
		3. 插接点火线圈线束连接器方法正确(不能握线束)(3分);确保连接器锁止可靠(2分)	5		
八	5S清洁整理(10分)	1. 清洁工具,每次(1分)	3		
		2. 恢复/整理工具(2分);扭力扳手归位(1分)	3		
		3. 操作中是否有物体落地或损坏(共4分,可倒扣)	4		
总　分			100		

检查与更换火花塞观察表

表 2-83

观察人员:____________ 操作人员:____________ 日期:____________

序号及内容	项 目 名 称	观察记录	意见建议
一、取下点火线圈	1. 拔下点火线圈线束连接器		
	2. 拆卸点火线圈固定螺栓		
	3. 拔出点火线圈		
二、拆卸火花塞	1. 检查火花塞套筒是否损坏		
	2. 用棘轮扳手、长节杆、火花塞套筒旋松火花塞		
	3. 用长节杆火花塞套筒旋出火花塞		
	4. 从火花塞套筒取下火花塞放到工具车上		
三、目视检查点火线圈	1. 目视检查点火线圈与火花塞套接处是否生锈、烧蚀或损坏		
	2. 目视检查点火线圈侧连接器是否有变形、损坏或锈蚀		
	3. 目视检查点火线圈线束侧连接器是否有变形、损坏或锈蚀		
四、目视检查火花塞	1. 检查螺纹是否完好		
	2. 陶瓷是否有裂纹		
	3. 火花塞与点火线圈套接部位是否锈蚀或烧蚀		
	4. 检查火花塞电极状况是否正常		
五、检查火花塞电极间隙	1. 清洁选用火花塞专用量规测量		
	2. 测量火花塞电极间隙		
	3. 清洁火花塞专用量规		
六、安装火花塞	1. 将火花塞装入火花塞套筒中		
	2. 长节杆和火花塞套筒拧紧火花塞		
	3. 用扭力扳手紧固火花塞		
七、安装点火线圈	1. 安装点火线圈		
	2. 安装点火线圈固定螺栓		
	3. 插接点火线圈线束连接器		
八、清洁整理工具	1. 清洁工具		
	2. 恢复/整理工具		
教师点评			

检查与更换火花塞操作工艺单　　表2-84

操作人员:__________　　日期:__________

序号及内容	项 目 名 称	操作结果记录	操作数据记录
一、取下点火线圈	1. 拔下点火线圈线束连接器		
	2. 拆卸点火线圈固定螺栓		
	3. 拔出点火线圈		
二、拆卸火花塞	1. 检查火花塞套筒是否损坏		
	2. 用棘轮扳手、长节杆、火花塞套筒旋松火花塞		
	3. 用长节杆火花塞套筒旋出火花塞		
	4. 从火花塞套筒取下火花塞放到工具车上		
三、目视检查点火线圈	1. 目视检查点火线圈与火花塞套接处是否生锈、烧蚀或损坏		
	2. 目视检查点火线圈侧连接器是否有变形、损坏或锈蚀		
	3. 目视检查点火线圈线束侧连接器是否有变形、损坏或锈蚀		
四、目视检查火花塞	1. 检查螺纹是否完好		
	2. 陶瓷是否有裂纹		
	3. 火花塞与点火线圈套接部位是否锈蚀或烧蚀		
	4. 检查火花塞电极状况是否正常		
五、检查火花塞电极间隙	1. 清洁选用火花塞专用量规测量		
	2. 测量火花塞电极间隙		
	3. 清洁火花塞专用量规		
六、安装火花塞	1. 将火花塞装入火花塞套筒中		
	2. 长节杆和火花塞套筒拧紧火花塞		
	3. 用扭力扳手紧固火花塞		
七、安装点火线圈	1. 安装点火线圈		
	2. 安装点火线圈固定螺栓		
	3. 插接点火线圈线束连接器		
八、清洁整理工具	1. 清洁工具		
	2. 恢复/整理工具		
备注说明			

第八节　发动机控制系统

一、检查与更换曲轴位置传感器(表 2-85 ~ 表 2-88)

检查与更换曲轴位置传感器作业流程表　　表 2-85

操作人员:____________　　日期:____________

序号及内容	项目名称	技术说明	注意事项
一、从蓄电池负极端子断开电缆		正确使用十号开口扳手拧松蓄电池负极螺栓,从蓄电池负极上取下负极连接端子电缆放在正确位置上	(1)在拆蓄电池负极之前,要记录车辆相关信息(收音机、时钟等) (2)在拆蓄电池负极时,检查点火开关处于关闭状态 (3)在拆蓄电池负极时,注意工具不要与蓄电池正极搭碰,以防短路损坏用电设备
二、车辆举升	参见相关资料		
三、拆卸发动机右底罩	拆卸发动机右底罩	正确使用 6mm 套筒工具按顺序拧松发动机右底罩的 5 个螺栓	(1)拧松时按对角顺序进行 (2)拆卸固定螺栓时,应注意方位和角度,以便更容易操作 (3)注意螺栓不要掉落
四、拆卸曲轴位置(CKP)传感器	1. 断开曲轴位置(CKP)传感器线束连接器	按住曲轴位置(CKP)传感器线束连接器锁扣,分离连接器	(1)断开连接器时,先按压锁止扣,当确认锁止装置完全脱离后,方可拔下连接器 (2)若锁止装置无法解除,则尝试边按压锁止扣边向内推,直至锁止装置完全解除方可拔下连接器 禁止在线束端借用外力拔下连接器
	2. 拆卸曲轴位置(CKP)传感器螺栓	正确使用内六角扳手工具拧松传感器螺栓	(1)拆卸固定螺栓时,应注意方位和角度,以便更容易操作 (2)注意螺栓不要掉落
	3. 拆卸曲轴位置(CKP)传感器	用手握住传感器的壳体往外拔出	若拔出传感器时较紧时可以轻轻地转动止可以拔出
五、更换曲轴位置(CKP)传感器	检测曲轴位置(CKP)传感器	1)检查和确认曲轴位置(CKP)传感器零件号是否正确,检查外观是否完好 2)确认万用表是否正常 3)检测曲轴位置传感器端子 1 和端子 2 的电阻	

续上表

<table>
<tr><th>序号及内容</th><th>项目名称</th><th>技术说明</th><th>注意事项</th></tr>
<tr><td>五、更换曲轴位置(CKP)传感器</td><td>检测曲轴位置(CKP)传感器</td><td>其标准电阻如下:<table><tr><th>检测仪连接</th><th>状态</th><th>电阻值</th></tr><tr><td rowspan="2">1—2</td><td>-10～50℃</td><td>1630～2740Ω</td></tr><tr><td>50～100℃</td><td>2065～3225Ω</td></tr></table>如果电阻不符合规定,则更换传感器</td><td>(1)选择数字万用表合适的量程;
(2)确认数字万用表电阻挡本身的误差值</td></tr>
<tr><td rowspan="7">六、安装曲轴位置(CKP)传感器</td><td rowspan="2">1. 传感器O形圈涂抹机油</td><td>1)把O形圈安装在曲轴位置传感器上</td><td rowspan="2">安装到位后O形圈不能扭曲</td></tr>
<tr><td>2)用手蘸上发动机机油在传感器O形圈上涂抹一薄层机油</td></tr>
<tr><td>2. 安装曲轴位置(CKP)传感器</td><td>用手握住传感器的壳体对准安装孔和螺栓孔位置插入</td><td>若传感器安装螺栓孔的对准位置相差较大,则需重新安装,不允许转动</td></tr>
<tr><td rowspan="2">3. 安装曲轴位置(CKP)传感器螺栓</td><td rowspan="2">正确使用10mm套筒扳手工具拧紧传感器螺栓并检查安装情况</td><td>(1)拧紧力矩:10N·m</td></tr>
<tr><td>(2)安装时,确保O形圈没有扭曲、破裂或卡住</td></tr>
<tr><td rowspan="2">4. 连接曲轴位置(CKP)传感器线束连接器</td><td rowspan="2">插接曲轴位置(CKP)传感器线束连接器,确保连接器可靠锁止</td><td>(1)连接器的插头和插座必须对正,并且轻轻推入,确认听到锁止到位的“咔哒”声</td></tr>
<tr><td>(2)推入后轻轻向外拉动连接器,确认可靠锁止</td></tr>
<tr><td rowspan="3">七、安装发动机右底罩</td><td rowspan="3">安装发动机右底罩</td><td rowspan="3">正确使用6mm套筒工具按顺序拧紧发动机右底罩的5个螺栓</td><td>(1)注意发动机右底罩的安装方向</td></tr>
<tr><td>(2)先对准发动机右底罩螺栓孔推到底,然后用手对角拧入5个螺栓</td></tr>
<tr><td>(3)按规定力矩对角拧紧螺栓</td></tr>
<tr><td>八、降下车辆</td><td>参见相关资料</td><td></td><td></td></tr>
<tr><td>九、连接蓄电池负极端子</td><td>参见相关资料</td><td></td><td></td></tr>
<tr><td rowspan="5">十、车上系统复检</td><td rowspan="5">检查曲轴位置传感器</td><td>1)将智能故障检测仪连接到DLC3</td><td rowspan="5">(1)正确连接和操作诊断仪器;
(2)正确读取和清除故障码;
(3)正确读取动态数据流</td></tr>
<tr><td>2)清除故障码</td></tr>
<tr><td>3)起动发动机,保持怠速运转</td></tr>
<tr><td>4)读取并确认没有与曲轴位置传感器相关的故障码</td></tr>
<tr><td>5)读取动态数据流,确认发动机转速无异常</td></tr>
</table>

续上表

序号及内容	项目名称	技术说明	注意事项
十一、清洁整理工具	1. 清洁工具	清洁	
	2. 恢复/整理工具	万用表复位	
备注			

检查与更换曲轴位置传感器评分表 表 2-86

操作人员:____________ 日期:____________

序号及内容	项目名称	评分细则	分值	得分	原因
一、从蓄电池负极端子断开电缆		正确使用十号开口扳手拧松蓄电池负极螺栓,并从蓄电池负极上取下负极连接端子电缆放在正确位置上	2		
二、举升车辆	参见相关资料				
三、拆卸发动机右底罩	拆卸发动机右底罩	正确使用 6mm 套筒工具按顺序拧松发动机右底罩的 5 个螺栓	2		
四、拆卸曲轴位置(CKP)传感器	1. 断开曲轴位置(CKP)传感器线束连接器	按住曲轴位置(CKP)传感器线束连接器锁扣,分离连接器	2		
	2. 拆卸曲轴位置(CKP)传感器螺栓	正确使用内六角扳手工具拧松传感器螺栓	2		
	3. 拆卸曲轴位置(CKP)传感器	用手握住传感器的壳体往外拔出	2		
五、更换曲轴位置(CKP)传感器	检测曲轴位置(CKP)传感器	1)检查和确认曲轴位置(CKP)传感器零件号是否正确,检查外观是否完好	4		
		2)确认万用表是否正常			
		3)检测曲轴位置传感器端子 1 和端子 2 的电阻			
六、安装曲轴位置(CKP)传感器	1. 传感器 O 形圈涂抹机油	1)把 O 形圈安装在曲轴位置传感器上	2		
		2)用手蘸上发动机机油在传感器 O 形圈上涂抹一薄层机油			
	2. 安装曲轴位置(CKP)传感器	用手握住传感器的壳体对准安装孔和螺栓孔位置插入	2		
	3. 安装曲轴位置(CKP)传感器螺栓	正确使用 10mm 套筒扳手工具拧紧传感器螺栓并检查安装情况	2		

续上表

序号及内容	项目名称	评分细则	分值	得分	原因
六、安装曲轴位置(CKP)传感器	4. 连接曲轴位置(CKP)传感器线束连接器	插接曲轴位置(CKP)传感器线束连接器,确保连接器可靠锁止	2		
七、安装发动机右底罩	安装发动机右底罩	正确使用6mm套筒工具按顺序拧紧发动机右底罩的5个螺栓	2		
八、降下车辆	参见相关资料				
九、连接蓄电池负极端子	参见相关资料				
十、车上系统复检	检查曲轴位置传感器	1)将智能故障检测仪连接到DLC3	4		
		2)清除故障码			
		3)起动发动机,保持怠速运转			
		4)读取并确认没有与曲轴位置传感器相关的故障码			
		5)读取动态数据流,确认发动机转速无异常			
十一、清洁整理工具	1. 清洁工具	清洁	2		
	2. 恢复/整理工具	万用表复位	2		
总分			32		

检查与更换曲轴位置传感器观察表

表2-87

观察人员:________　　操作人员:________　　日期:________

序号及内容	项目名称	观察记录	意见建议
一、从蓄电池负极端子断开电缆			
二、车辆举升	参见相关资料		
三、拆卸发动机右底罩	拆卸发动机右底罩		
四、拆卸曲轴位置(CKP)传感器	1. 断开曲轴位置(CKP)传感器线束连接器		
	2. 拆卸曲轴位置(CKP)传感器螺栓		
	3. 拆卸曲轴位置(CKP)传感器		
五、更换曲轴位置(CKP)传感器	检测曲轴位置(CKP)传感器		
六、安装曲轴位置(CKP)传感器	1. 传感器O形圈涂抹机油		
	2. 安装曲轴位置(CKP)传感器		
	3. 安装曲轴位置(CKP)传感器螺栓		
	4. 连接曲轴位置(CKP)传感器线束连接器		
七、安装发动机右底罩	安装发动机右底罩		
八、降下车辆	参见相关资料		

续上表

序号及内容	项 目 名 称	观察记录	意见建议
九、连接蓄电池负极端子			
十、车上系统复检	检查曲轴位置传感器		
十一、清洁整理工具	1. 清洁工具		
	2. 恢复/整理工具		
备注			

检查与更换曲轴位置传感器作业工单　　表 2-88

操作人员:＿＿＿＿＿＿　　日期:＿＿＿＿＿＿

序号及内容	项 目 名 称	操作结果记录	操作数据记录
一、从蓄电池负极端子断开电缆			
二、车辆举升	参见相关资料		
三、拆卸发动机右底罩	拆卸发动机右底罩		
四、拆卸曲轴位置(CKP)传感器	1. 断开曲轴位置(CKP) 传感器线束连接器		
	2. 拆卸曲轴位置(CKP) 传感器螺栓		
	3. 拆卸曲轴位置(CKP) 传感器		
五、更换曲轴位置(CKP)传感器	检测曲轴位置(CKP)传感器		
六、安装曲轴位置(CKP)传感器	1. 传感器 O 形圈涂抹机油		
	2. 安装曲轴位置(CKP) 传感器		
	3. 安装曲轴位置(CKP)传感器螺栓		
	4. 连接曲轴位置(CKP) 传感器线束连接器		
七、安装发动机右底罩	安装发动机右底罩		
八、降下车辆	参见相关资料		
九、连接蓄电池负极端子	参见相关资料		
十、车上系统复检	检查曲轴位置传感器		
十一、清洁整理工具	1. 清洁工具		
	2. 恢复/整理工具		
备注			

二、检查与更换 ECM(表 2-89 ~ 表 2-92)

检查与更换 ECM 作业流程表　　表 2-89

操作人员:＿＿＿＿＿＿　　日期:＿＿＿＿＿＿

序号及内容	项目名称	技术说明	注意事项
一、拆卸蓄电池负极端子电缆	参见相关内容	参见相关内容	参见相关内容
二、拆卸 2 号汽缸盖罩	参见相关内容	参见相关内容	参见相关内容
三、拆卸空气滤清器盖分总成	参见相关内容	参见相关内容	参见相关内容
四、拆卸空气滤清器壳	参见相关内容	参见相关内容	参见相关内容
五、拆卸 ECM	1. 断开 ECM 的两个连接器	1)使用气枪或毛刷清洁 ECM、插头及周边脏污	(1)清洁 ECM、插头及周边脏污时,切勿用水或腐蚀性有机溶剂; (2)连接器锁止装置的手柄必须由水平位置向垂直位置方向扳动,方能完全解除锁扣装置; (3)禁止在未完全解锁的情况下强制拆除连接器; (4)由于线束及连接器安装位置空间较狭窄,拔出 ECM 连接器时应注意轻提轻放; (5)断开连接器后,确保没有污物、水或其他异物接触到连接器的连接部位
		2)一手按住连接器,另一手向上提拉连接器锁止装置手柄,当锁止装置完全解除后,双手向上提拉并断开 ECM 的连接器	
		3)使用上述方法断开 ECM 另一个连接器	
	2. 从车上拆卸 ECM 及支架	1)正确使用工具拆卸 ECM 与车身连接的两个固定螺栓	拆卸固定螺栓时,应注意工具的方位和角度;拆卸时,要防止固定螺栓落入发动机舱内
		2)取下 ECM 及支架	
	3. 从固定支架上拆下 ECM	1)正确使用工具拆卸一侧支架上固定 ECM 的两个螺栓,取下支架	(1)拆卸固定螺栓时,应选择工具的方位和角度,以便更容易地操作; (2)若徒手无法拆卸固定螺栓,则尝试使用柔软材料包裹 ECM,然后固定在台虎钳上进行拆卸; (3)拆卸过程中须防止支架变形
		2)使用上述方法拆卸 ECM 的另一个支架	
六、安装新的 ECM	1. 安装 ECM 固定支架	1)检查和确认 ECM 零件号是否正确	
		2)检查 ECM 外观是否有损伤、锈蚀或存在水渍	
		3)检查 ECM 各连接端子是否存在弯曲、断裂、锈蚀等现象	

续上表

序号及内容	项目名称	技术说明	注意事项
六、安装新的ECM	1. 安装ECM固定支架	4)正确使用工具紧固ECM一侧支架的两个固定螺栓,标准力矩:3.0N·m	(1)安装时,应先清洁固定支架与ECM的螺栓孔; (2)徒手拧入螺栓; (3)选用棘轮扳手、套筒、扭力扳手,以标准力矩分次拧紧固定螺栓
		5)使用上述同样方法紧固ECM另一侧支架的两个固定螺栓,标准力矩:3.0N·m	
	2. 将ECM及固定支架安装到车上	正确使用工具安装、紧固ECM支架与车身的两个固定螺栓,标准力矩:8.0N·m	安装时先对准ECM支架与车身的两个螺栓孔,徒手拧入两个螺栓;按规定力矩拧紧螺栓
	3. 连接ECM的两个连接器	正确安装两个连接器;确保连接器锁止可靠	(1)连接连接器时,确保连接器和其他零件间没有污物、水或其他异物;先将连接器锁扣的手柄置于垂直位置,然后将连接器轻轻插入ECM插口中,完全插入后,再将锁扣的手柄置于水平锁止位置
			(2)不允许在未完全打开锁止手柄的情况下强制插入连接器
七、安装相关的附属设备	1. 安装空气滤清器壳	参见相关内容	参见相关内容
	2. 安装空气滤清器盖分总成	参见相关内容	参见相关内容
	3. 安装2号汽缸盖罩	参见相关内容	参见相关内容
	4. 将电缆连接到蓄电池负极端子	参见相关内容	参见相关内容
八、注册停机系统(发动机防盗系统)通信ID	参见注册维修通报	参见注册维修通报	参见注册维修通报
九、使用诊断仪执行存储器复位程序(初始化)	1. 将点火开关置于OFF位置		
	2. 将诊断仪连接到DLC3		
	3. 将点火开关置于ON位置,接通诊断仪的主开关		
	4. 从主菜单中执行存储器复位程序		

续上表

序号及内容	项目名称	技术说明	注意事项
九、使用诊断仪执行存储器复位程序（初始化）	5. 进入以下菜单项：Powertrain / Engine and ECT / Utility / Reset Memory。然后，按下“Next”	参见相关内容	参见相关内容
	6. 复位程序执行完毕后，退出系统并关闭诊断仪开关		
十、执行自动变速器初始化（手动变速器除外）	对车辆进行路试（在 ATF（自动变速器油）的正常工作温度为 50～80℃下进行测试）	1)D 挡位置测试：将变速器置于 D 位置并完全踩下加速踏板，然后检查以下几项： （1）检查加挡操作：检查并确认 1→2、2→3、3→4 挡可加挡，且换挡点与自动换挡规范一致； （2）检查是否出现换挡冲击和打滑：检查 1→2、2→3 和 3→4 挡加挡时的冲击和打滑； （3）检查是否出现异常噪声和振动：行驶时将换挡杆置于 D 位置并进行 1→2、2→3 和 3→4 挡加挡；在锁止状态期间行驶时，检查是否存在异常噪声和振动； （4）检查强制降挡操作：行驶时将换挡杆置于 D 位置，检查从 2→1、3→2、4→3 挡强制降挡时的车速。确认各速度都处于自动换挡规范指示的适用车速范围内； （5）检查是否出现强制降挡时的异常冲击和打滑； （6）检查锁止机构：换挡杆在 D 位置(4 挡)时，以稳定的速度行驶(锁止打开)；轻踩加速踏板，检查并确认发动机转速不急剧变化	
		2)3 挡位置测试：将变速器置于 3 位置并完全踩下加速踏板，然后检查以下几项： （1）检查加挡操作：检查并确认 1→2 和 2→3 可加挡，且换挡点与自动换挡规范一致 （2）检查发动机制动：在 3 挡位置和三挡下行驶时，松开加速踏板，并检查发动机制动效果	

续上表

序号及内容	项目名称	技术说明	注意事项
十、执行自动变速器初始化(手动变速器除外)	对车辆进行路试(在ATF(自动变速器油)的正常工作温度为50～80℃下进行测试)	(3)在加速和减速期间,检查是否存在异常噪声,并在加挡和减挡时检查是否存在冲击 3)2挡位置测试:将变速器置于2位置并完全踩下加速踏板,然后检查以下几项: (1)检查加挡操作:检查并确认1→2可加挡,且换挡点要与自动换挡规范一致; (2)检查发动机制动:在2挡位置和2挡下行驶时,松开加速踏板,并检查发动机制动效果; (3)在加速和减速期间,检查是否存在异常噪声,并在加挡和减挡时检查是否存在冲击 4)L位置测试:将变速器置于L位置并完全踩下油门踏板,然后检查以下几项: (1)检查是否不能加挡:在L挡位置下行驶时,检查是否能加挡至2挡; (2)检查发动机制动:在L挡位置下行驶时,松开加速踏板,并检查发动机制动效果; (3)在加速和减速期间,检查是否出现异常噪声 5)R位置测试:将变速器置于R位置:轻踩油门踏板,并检查车辆向后移动时是否出现任何异常噪声或振动 6)P位置测试:将车辆停在斜坡(大于5°)上,换至P位置后松开驻车制动器。然后检查并确认驻车锁爪能使车辆保持在原地 7)上坡/下坡控制功能测试: (1)检查车辆在上坡时,是否不能加挡至4挡; (2)检查车辆在下坡时,踩下制动器后,是否能从4挡自动减挡至3挡,并通过执行路试,使ECM进行自学习	(1)4挡加挡禁止控制:发动机冷却液温度为60℃(140°F)或更低;车速为70km/h或更低ATF温度为10℃或更低; (2)4挡锁止禁止控制:踩下制动踏板;松开加速踏板发动机冷却液温度为60℃或更低; (3)必须彻底检查引起异常噪声和振动的原因,因为这可能是由于差速器、变矩器离合器等失衡造成的; (4)如果发动机转速出现较大跳跃,则不能锁止。在3挡位置时不能加挡至4挡; (5)在2挡位置时不能加挡至3挡并锁止; (6)在进行上述检测之前,要确保检测区域无闲杂人员且畅通无阻; (7)在L挡位置时不能加挡至2挡并锁止

续上表

序号及内容	项目名称	技术说明	注意事项
十一、清洁整理工具	1. 清洁工具	清洁	
	2. 恢复/整理工具	扭力扳手归零	
备注			

检查与更换 ECM 作业评分表

表 2-90

操作人员:______ 操作人员:______ 日期:______ 得分:______

序号	项目名称	评分细则	分值	得分	原因
一	拆卸蓄电池负极端子电缆(5 分)	参见相关内容	5		
二	拆卸 2 号汽缸盖罩(2 分)	参见相关内容	2		
三	拆卸空气滤清器盖分总成(3 分)	参见相关内容	3		
四	拆卸空气滤清器壳(5 分)	参见相关内容	5		
五	拆卸 ECM(15 分)	1. 断开 ECM 的两个连接器	5		
		2. 从车上拆卸 ECM 及支架	5		
		3. 从固定支架上拆下 ECM	5		
六	安装新的 ECM(15 分)	1. 安装 ECM 固定支架	5		
		2. 将 ECM 及固定支架安装到车上	5		
		3. 连接 ECM 的两个连接器	5		
七	安装相关的附属设备(20 分)	1. 安装空气滤清器壳	5		
		2. 安装空气滤清器盖分总成	5		
		3. 安装 2 号汽缸盖罩	5		
		4. 将电缆连接到蓄电池负极端子	5		
八	注册停机系统(发动机防盗系统)通信 ID(20 分)	参见注册维修通报	20		
九	使用诊断仪执行存储器复位程序(初始化)(20 分)	1. 将点火开关置于 OFF 位置			
		2. 将诊断仪连接到 DLC3			
		3. 将点火开关置于 ON 位置,接通诊断仪的主开关			
		4. 从主菜单中执行存储器复位程序			
		5. 进入以下菜单项:Powertrain / Engine and ECT / Utility / Reset Memory。然后,按下"Next"			
		6. 复位程序执行完毕后,退出系统并关闭诊断仪开关	20		

续上表

序号	项目名称	评分细则	分值	得分	原因
十	执行自动变速器初始化(手动变速器除外)(25分)	对车辆进行路试:在ATF(自动变速器油)的正常工作温度为50~80℃下进行测试	25		
十一	5S清洁整理(10分)	1. 清洁工具,每次1分	3		
		2. 恢复/整理工具(2分);扭力扳手归位(1分)	3		
		3. 操作中是否有物体落地或损坏(共4分,可倒扣)	4		
总分			140		

检查与更换ECM观察表

表2-91

观察人员:____________ 操作人员:____________ 日期:____________

序号及内容	项目名称	观察记录	意见建议
一、拆卸蓄电池负极端子电缆	参见相关内容		
二、拆卸2号汽缸盖罩	参见相关内容		
三、拆卸空气滤清器盖分总成	参见相关内容		
四、拆卸空气滤清器壳	参见相关内容		
五、拆卸ECM	1. 断开ECM的两个连接器		
	2. 从车上拆卸ECM及支架		
	3. 从固定支架上拆下ECM		
六、安装新的ECM	1. 安装ECM固定支架		
	2. 将ECM及固定支架安装到车上		
	3. 连接ECM的两个连接器		
七、安装相关的附属设备	1. 安装空气滤清器壳		
	2. 安装空气滤清器盖分总成		
	3. 安装2号汽缸盖罩		
	4. 将电缆连接到蓄电池负极端子		
八、注册停机系统(发动机防盗系统)通信ID	参见注册维修通报		
九、使用诊断仪执行存储器复位程序(初始化)	1. 将点火开关置于OFF位置		
	2. 将诊断仪连接到DLC3		
	3. 将点火开关置于ON位置,接通诊断仪的主开关		
	4. 从主菜单中执行存储器复位程序		
	5. 进入以下菜单项:Powertrain / Engine and ECT / Utility / Reset Memory。然后,按下"Next"		
	6. 复位程序执行完毕后,退出系统并关闭诊断仪开关		

续上表

序号及内容	项目名称	观察记录	意见建议
十、执行自动变速器初始化(手动变速器除外)	对车辆进行路试(在 ATF 的正常工作温度为 50 ~ 80℃下进行测试):		
	1. D 挡位置测试:将变速器置于 D 并完全踩下加速踏板)然后检查以下几项: (1)检查加挡操作:检查并确认 1 → 2、2 → 3、3 → 4 挡可加挡,且换挡点与自动换挡规范一致。 注意事项: ①4 挡加挡禁止控制:发动机冷却液温度为 60℃(140°F)或更低;车速为 70km/h 或更低 ATF 温度为 10℃ 或更低。 ②4 挡锁止禁止控制:踩下制动踏板;松开加速踏板发动机冷却液温度为 60℃ 或更低。 (2)检查是否出现换挡冲击和打滑:检查 1 → 2、2 → 3 和 3 → 4 挡加挡时的冲击和打滑。 (3)检查是否出现异常噪声和振动:行驶时换挡杆置于 D 并进行 1→2、2→3 和 3→4 挡加挡,以及在锁止状态期间行驶时,检查是否存在异常噪声和振动。 注意事项: 必须彻底检查引起异常噪声和振动的原因,因为这可能是由于差速器、变矩器离合器等失衡造成的。 (4)检查强制降挡操作:行驶时将换挡杆置于 D,检查从 2→1、3→2、4→3 挡强制降挡时的车速。确认各速度都处于自动换挡规范指示的适用车速范围内。 (5)检查强制降挡时的异常冲击和打滑。 (6)检查锁止机构:换挡杆在 D(4 挡)时,以稳定的速度行驶(锁止打开);轻踩加速踏板,检查并确认发动机转速不急剧变化。 注意事项:如果发动机转速出现较大跳跃,则不能锁止		
	2. 3 挡位置测试:将变速器置于 3,并完全踩下加速踏板,然后检查以下几项: (1)检查加挡操作:检查并确认 1 → 2 和 2 → 3 可以加挡,且换挡点与自动换挡规范一致。 注意事项:在 3 挡位置时不能加挡至 4 挡。 (2)检查发动机制动:在 3 挡位置和 3 挡下行驶时,松开加速踏板,并检查发动机制动效果。 (3)在加速和减速期间,检查是否存在异常噪声,并在加挡和减挡时检查是否存在冲击		

续上表

<table>
<tr><th>序号及内容</th><th>项 目 名 称</th><th>观察记录</th><th>意见建议</th></tr>
<tr><td rowspan="5">十、执行自动变速器初始化（手动变速器除外）</td><td>3.2 挡位置测试：将变速器置于 2，并完全踩下加速踏板，然后检查以下几项：
（1）检查加挡操作：检查并确认 1 → 2 可加挡，且换挡点要与自动换挡规范一致。
注意事项：在 2 挡位置时不能加挡至 3 挡并锁止。
（2）检查发动机制动：在 2 挡位置和 2 挡下行驶时，松开加速踏板，并检查发动机制动效果。
（3）在加速和减速期间，检查是否存在异常噪声，并在加挡和减挡时检查是否存在冲击</td><td rowspan="5"></td><td rowspan="5"></td></tr>
<tr><td>4. L 位置测试将变速器置于 L 位置并完全踩下加速踏板，然后检查以下几项：
（1）检查是否能加挡：在 L 挡位置下行驶时，检查是否能加挡至 2 挡。
注意事项：在 L 挡位置时不能加挡至 2 挡并锁止。
（2）检查发动机制动：在 L 挡位置下行驶时，松开加速踏板，并检查发动机制动效果。
（3）在加速和减速期间，检查是否出现异常噪声</td></tr>
<tr><td>5. R 位置测试：将变速器置于 R 位置，轻踩加速踏板，并检查车辆向后移动时是否出现任何异常噪声或振动
注意事项：
在进行上述检测之前，请确保检测区域无闲杂人员且畅通无阻</td></tr>
<tr><td>6. P 位置测试：将车辆停在斜坡（大于 5°）上，换至 P 位置后松开驻车制动器。然后检查并确认驻车锁爪能否使车辆保持在原地</td></tr>
<tr><td>7. 上坡 / 下坡控制功能测试：
（1）检查车辆在上坡时，是否能加挡至 4 挡。
（2）检查车辆在下坡时，踩下制动器后，是否从 4 挡自动减挡至 3 挡，并通过执行路试，使 ECM 进行自学习</td></tr>
<tr><td rowspan="2">十一、清洁整理工具</td><td>1. 清洁工具</td><td></td><td></td></tr>
<tr><td>2. 恢复/整理工具</td><td></td><td></td></tr>
<tr><td>教师点评</td><td colspan="3"></td></tr>
</table>

检查与更换 ECM 操作工艺单

表 2-92

操作人员:____________　　　　　　日期:____________

序号及内容	项 目 名 称	观察记录	意见建议
一、拆卸蓄电池负极端子电缆	参见相关内容		
二、拆卸 2 号汽缸盖罩	参见相关内容		
三、拆卸空气滤清器盖分总成	参见相关内容		
四、拆卸空气滤清器壳	参见相关内容		
五、拆卸 ECM	1. 断开 ECM 的两个连接器		
	2. 从车上拆卸 ECM 及支架		
	3. 从固定支架上拆下 ECM		
六、安装新的 ECM	1. 安装 ECM 固定支架		
	2. 将 ECM 及固定支架安装到车上		
	3. 连接 ECM 的两个连接器		
七、安装相关的附属设备	1. 安装空气滤清器壳		
	2. 安装空气滤清器盖分总成		
	3. 安装 2 号汽缸盖罩		
	4. 将电缆连接到蓄电池负极端子		
八、注册停机系统(发动机防盗系统)通信 ID	参见注册维修通报		
九、使用诊断仪执行存储器复位程序(初始化)	1. 将点火开关置于 OFF 位置		
	2. 将诊断仪连接到 DLC3		
	3. 将点火开关置于 ON 位置,接通诊断仪的主开关		
	4. 从主菜单中执行存储器复位程序		
	5. 进入以下菜单项:Powertrain / Engine and ECT / Utility / Reset Memory。然后,按下"Next"		
	6. 复位程序执行完毕后,退出系统并关闭诊断仪开关		

续上表

<table>
<tr><th>序号及内容</th><th>项 目 名 称</th><th>观察记录</th><th>意见建议</th></tr>
<tr><td rowspan="3">十、执行自动变速器初始化（手动变速器除外）</td><td>对车辆进行路试（在 ATF 的正常工作温度为 50 ~ 80℃下进行测试）：</td><td rowspan="3"></td><td rowspan="3"></td></tr>
<tr><td>1. D 挡位置测试：将变速器置于 D，并完全踩下加速踏板，然后检查以下几项：
（1）检查加挡操作：检查并确认 1 → 2、2 → 3、3 → 4 挡可以加挡，且换挡点与自动换挡规范一致。
注意事项：
①4 挡加挡禁止控制：发动机冷却液温度为 60℃（140°F）或更低；车速为 70km/h 或更低，ATF 温度为 10℃ 或更低。
②4 挡锁止禁止控制：踩下制动踏板；松开加速踏板发动机冷却液温度为 60℃ 或更低。
（2）检查是否出现换挡冲击和打滑：检查 1 → 2、2 → 3 和 3 → 4 挡加挡时的冲击和打滑。
（3）检查是否出现异常噪声和振动：行驶时换挡杆置于 D 并进行 1→2、2→3 和 3→4 挡加挡，以及在锁止状态期间行驶时，检查是否存在异常噪声和振动。
注意事项：
必须彻底检查引起异常噪声和振动的原因，因为这可能是由于差速器、变矩器离合器等失衡造成的。
（4）检查强制降挡操作：行驶时将换挡杆置于 D，检查从 2→1、3→2、4→3 挡强制降挡时的车速。确认各速度都处于自动换挡规范指示的适用车速范围内。
（5）检查强制降挡时的异常冲击和打滑。
（6）检查锁止机构：换挡杆在 D 位置（4 挡）时，以稳定的速度行驶（锁止打开）；轻踩加速踏板，检查并确认发动机转速不急剧变化。
注意事项：如果发动机转速出现较大跳跃，则不能锁止</td></tr>
<tr><td>2. 3 挡位置测试：将变速器置于 3 挡位置，并完全踩下加速踏板，然后检查以下几项：
（1）检查加挡操作：检查并确认 1 → 2 和 2 → 3 可以加挡，且换挡点与自动换挡规范一致。
注意事项：在 3 挡位置时不能加挡至 4 挡。
（2）检查发动机制动：在 3 挡位置和 3 挡下行驶时，松开加速踏板，并检查发动机制动效果。
（3）在加速和减速期间，检查是否存在异常噪声，并在加挡和减挡时检查是否存在冲击</td></tr>
</table>

续上表

序号及内容	项 目 名 称	观察记录	意见建议
十、执行自动变速器初始化（手动变速器除外）	3. 2 挡位置测试：将变速器置于 2 位置，并完全踩下加速踏板，然后检查以下几项： （1）检查加挡操作：检查并确认 1 → 2 可加挡，且换挡点要与自动换挡规范一致。 注意事项：在 2 挡位置时不能加挡至 3 挡并锁止。 （2）检查发动机制动：在 2 挡位置和 2 挡下行驶时，松开加速踏板，并检查发动机制动效果。 （3）在加速和减速期间，检查是否存在异常噪声，并在加挡和减挡时检查是否存在冲击		
	4. L 位置测试：将变速器置于 L 位置并完全踩下加速踏板，然后检查以下几项： （1）检查是否能加挡：在 L 挡位置下行驶时，检查是否能加挡至 2 挡。 注意事项：在 L 挡位置时不能加挡至 2 挡并锁止。 （2）检查发动机制动：在 L 挡位置下行驶时，松开加速踏板，并检查发动机制动效果。 （3）在加速和减速期间，检查是否出现异常噪声		
	5. R 位置测试：将变速器置于 R 位置，轻踩加速踏板，并检查车辆向后移动时是否出现任何异常噪声或振动。 注意事项：在进行上述检测之前，请确保检测区域无闲杂人员且畅通无阻		
	6. P 位置测试：将车辆停在斜坡（大于 5°）上，换至 P 位置后松开驻车制动器。然后检查并确认驻车锁爪能否使车辆保持在原地		
	7. 上坡 / 下坡控制功能测试： （1）检查车辆在上坡时，是否能加挡至 4 挡。 （2）检查车辆在下坡时，踩下制动器后，是否从 4 挡自动减挡至 3 挡，并通过执行路试，使 ECM 进行自学习		
十一、清洁整理工具	1. 清洁工具		
	2. 恢复/整理工具		
备注说明			

第三章　汽修专业信息化教学资源库

1. 概述

自启动四大技能型紧缺人才培养工程以来，各地区汽车专业招生数量大规模迅速增长，一时间大量职业学校都在积极开设汽车维修类专业，六年间，国家对汽车职业教育的投入也极大地促进了汽车维修类专业的发展。

2009 年中国汽车产销量第一次突破了千万辆大关，成为年度产销量世界第一的大国，推动了汽车维修类专业职业教育的发展。然而，迅速膨胀的学生数量同教学规模与师资力量的严重不足形成了鲜明的对比，为满足与招生规模不断扩大，提高教学质量和效率，满足企业、学生的不同需求，培养一流师资团队成为各院校迫在眉睫的首要任务，建立以网络为基础的信息化教学资源库成为必然的趋势。

作为汽车维修类职业教育课程改革的核心，汽车维修类专业教学资源库（图 3-1）构建新的教学教法理念，其主要内容包括专业教学目标与标准、课程体系、教学内容、实验实训、教学指导、学习评价等，以规范专业教学基本要求，共享优质教学资源，满足教师指导教学和学生自主学习；专家咨询、资料查阅、员工培训、行业信息发布、人才信息发布等功能，主要为企业、学校及社会用户提供网络培训、学习、交流、测试和考评。

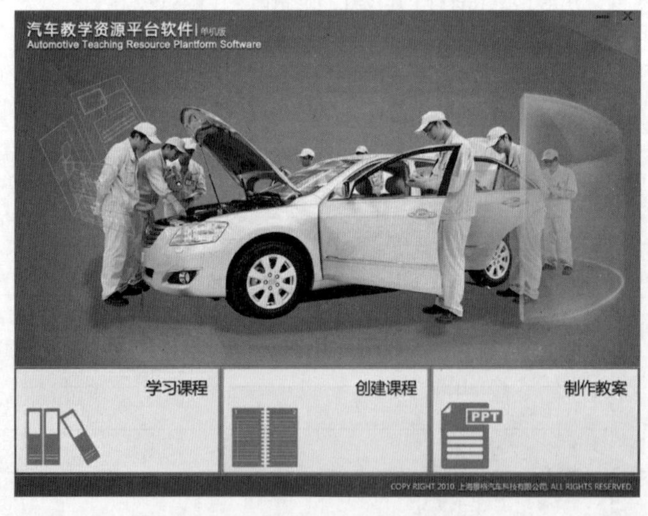

图 3-1　汽车维修类专业教学资源库

针对职业岗位要求，强化就业能力培养，为实施“双证书”制度构建专业认证体系；开放教学资源环境，满足学生自主学习需要，为高技能人才的培养和构建终身学习体系搭建公共平台。

2. 适用范围

本教学资源库适用于汽车运用与维修、汽车车身修复、汽车检测与维修、汽车电子应用技术等相关专业的教学、培训和考核。

3. 主要功能

1)课程创建

本模块用于教师备课使用,教师根据自身授课课程的需要调用资源库平台中相关资源,创建新课程、修改课程,满足教师个性化教学需求(图3-2)。

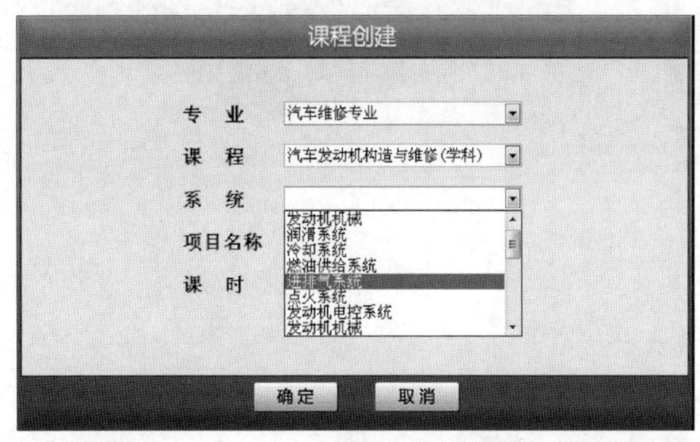

a)

b)

图3-2　课程创建

2)课程学习

本模块用于学生学习及教师课堂授课使用,课程学习主要以动画、视频、文字、3D等方式表达,并可以自动保存学习进度(图3-3)。

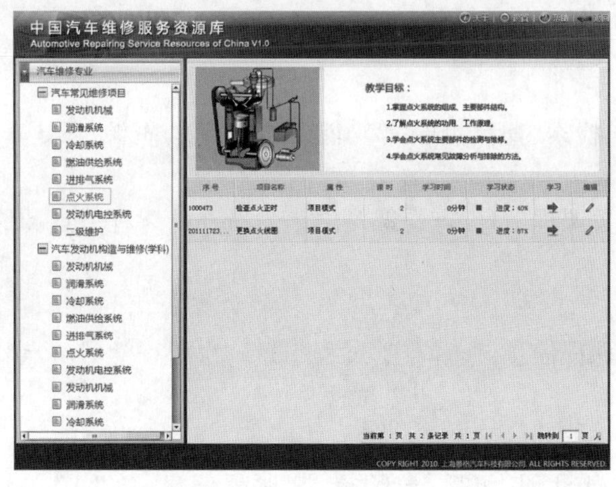

图3-3　课程学习

3)PPT课件制作

提供教学教案的模板,通过PPT调用系统内置素材资源,同时教师可以添加已有的教学课件(图3-4)。

a)

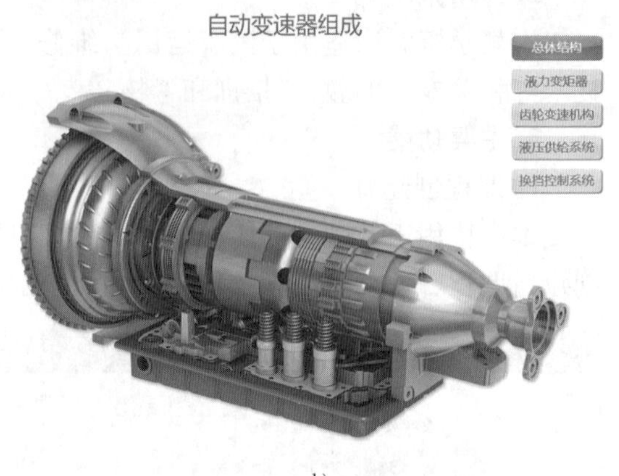

b)

图 3-4　课件制作

4）教学材料配套

配套资源库课程相关的教学材料（图 3-5）。

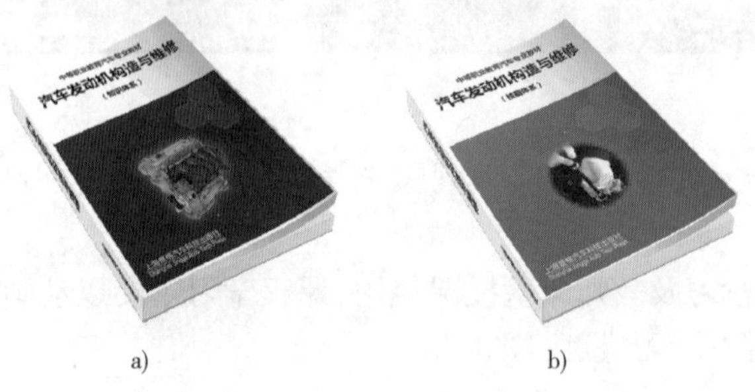

a)　　b)

图 3-5　教学材料

5）素材资源管理

素材资源的添加、检索、查看、删除等功能，兼容第三方资源（图 3-6）。

6）授课进度管理

教师可以通过相关课程信息，查看课堂结束后所在的课程节点和课程整体进度的百分比（图 3-7）。

7）学习进度管理

学生可通过相关课程信息，查看自学过程中每一次课程学习节点和课程整体进度的百分比（图 3-8）。

8）师生信息管理

平台集成用户信息管理，包括：教师授课、课程信息、学生名单、学生成绩等相关信息（图 3-9）。

9）教学考核管理

每一个课程都能进行课堂在线测试，及专业考核评定，并对相关数据进行后台统一管理（图 3-10）。

a)

b)

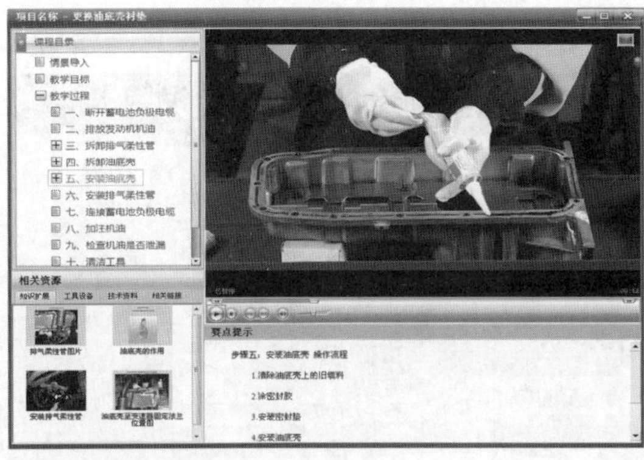

c)

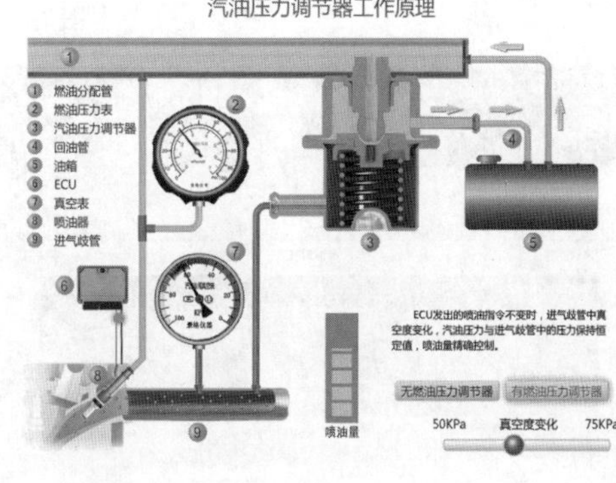

d)

图 3-6　素材资源管理

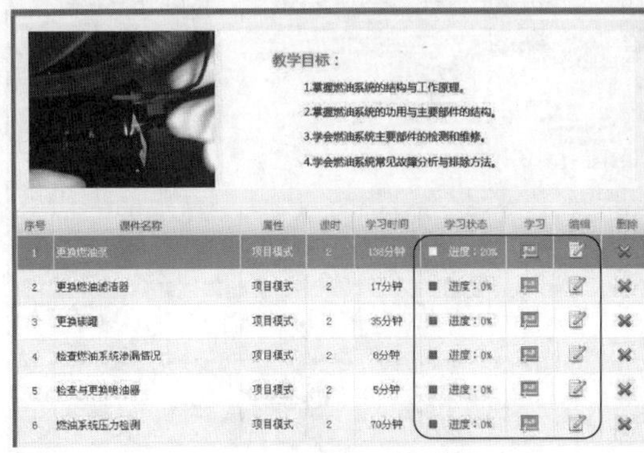

图 3-7　授课进度管理

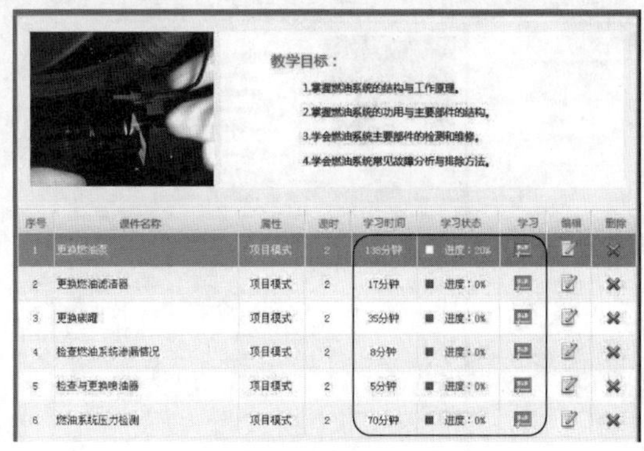

图 3-8　学习进度管理

10）模板课件修改

可对平台集成的相关课程根据每个学校、教师的特殊情况进行再编辑，从而实现个性化、差异化教学（图3-11）。

a)

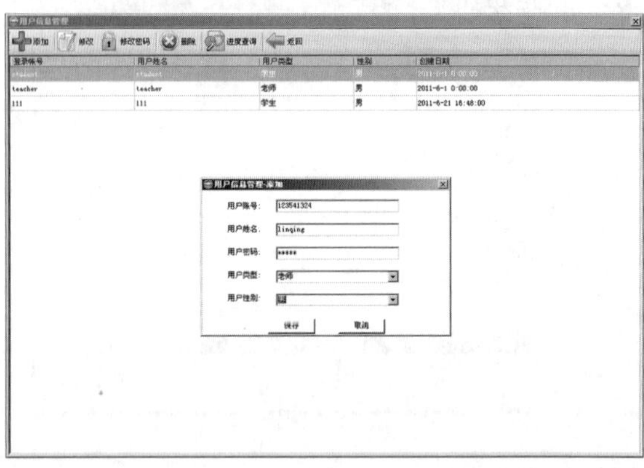

b)

图3-9　师生信息管理

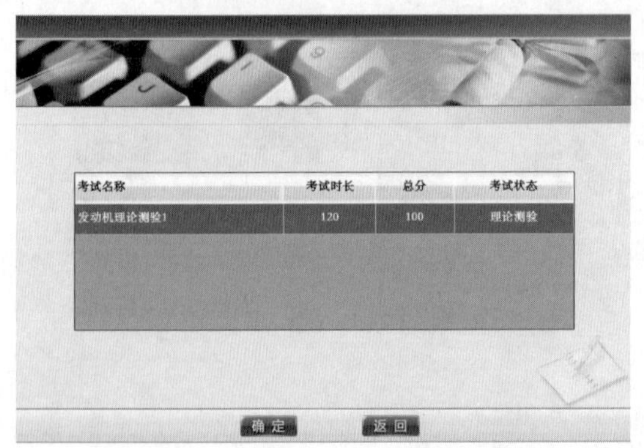

a)

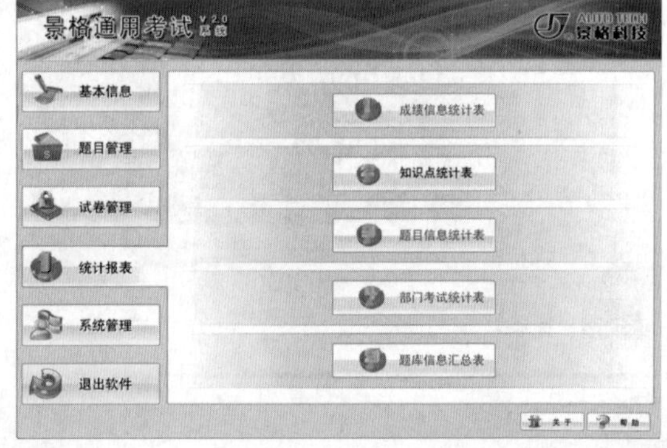

b)

图3-10　教学考核管理

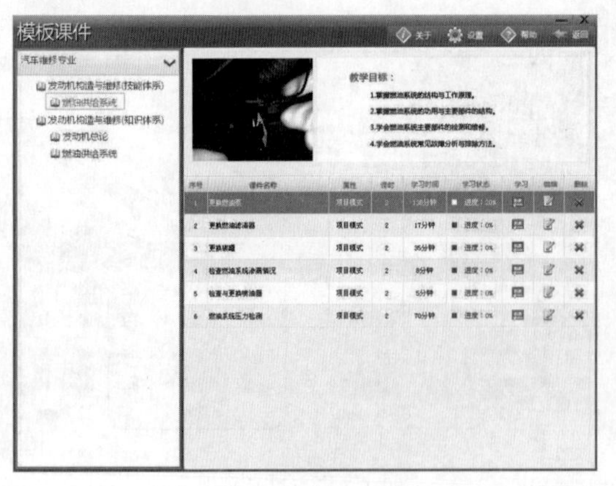

a)

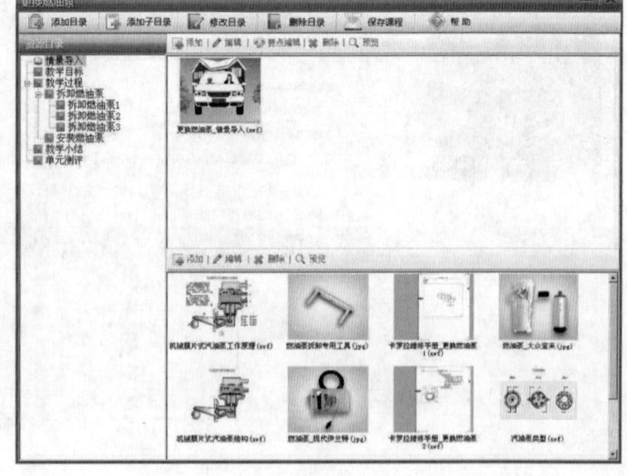

b)

图3-11　模板课件修改

11）远程在线更新

从平台供应单位服务器上下载升级包，通过指定程序端口加载升级包，方便快捷地完成平台升级。

4. 版本

1）单机版

单机版便于教师离线备课、课堂授课（图3-12）。

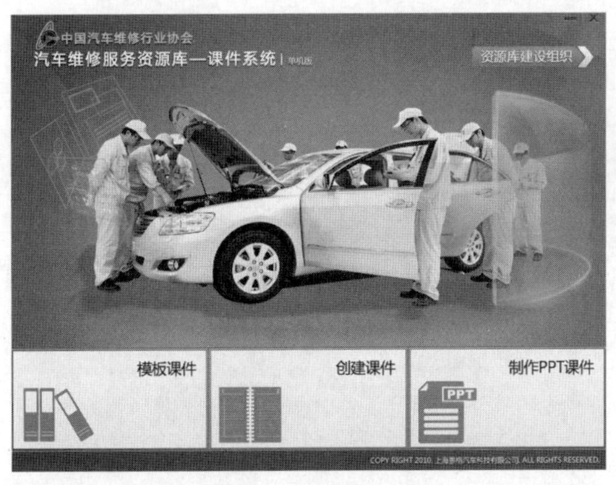

a)

b)

图3-12　单机版

2）网络版

网络版便于教师组织课堂教学、指导学生学习，学生课堂练习、教学考核评估（图3-13）。

a)

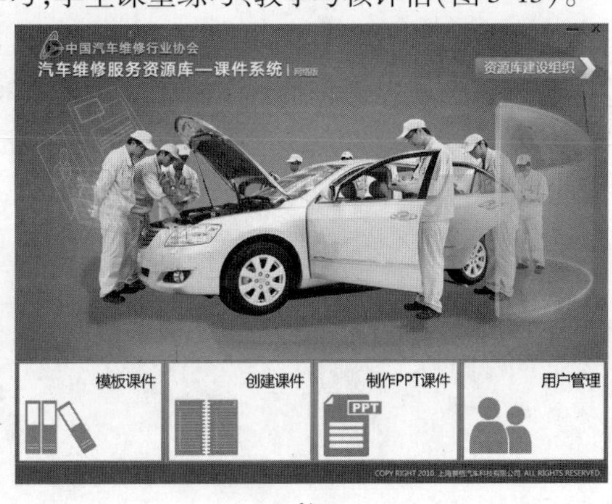

b)

图3-13　网络版